BASICS

URBAN BUILDING BLOCKS

도시 빌딩 블록 디자인의 기초

BASICS

URBAN BUILDING BLOCKS

도시 빌딩 블록 디자인의 기초

Thorsten Bürklin, Michael Peterek 공저

김도년 · 김지엽 · 손세형 · 이중원 · 정동섭 공역

Spacetime

차례 CONTENTS

머리말

건물들은 독립적으로 존재하기보다는 자연의 일부분으로서 또는 건조 환경의 구성요소로서 존재한다. 자연이든 건조 환경이든 이러한 총체적인 환경은 역사적, 문화적, 경관적 측면에서 상호관계를 이루면서 구성된다. 도시 성장의 잠재력이 위와 같은 접근과 같이 형성될 경우, 대규모의 도시프로젝트는 제도판 위에서 설계 되고, 도시 구성요소로서 세워진다. 그러나 도시계획가와 건축가들은 일반적으로 수 세기에 걸쳐 서로 다른 영향력과 이데올로기의 생산물로 발전되어 온 도시를 설계한다. 이러한 복잡한 관계 속에서도 불구하고 우리는 도시환경을 형성하고 도시환경에 영향을 미치는 "빌딩 블록"을 계속해서 발견하게 된다.

베이직 시리즈의 "도시 계획(urban planning)" 부분에서는 학생들에게 도시 디자인의 기초에 대한 실용적이고 유익한 정보를 제공하고자 한다. 도시의 핵심적 구조와 디자인에 대한 학생들의 이해를 돕기 위해 이 책에서는 전형적인 도시의 빌딩 블록과 그 특성에 관해 언급하고자 한다. 구조적 원칙, 기능적 가능성 및 역사 문화적 배경을 바탕으로 거리(row), 블록(block), 중정(courtyard), 아케이드(arcade), 리본(ribbon), 솔리테어(solitaire), 그룹(group), 셰드(shed)에 관한 자세한 설명이 이어진다. 도시의 새로운 환경을 만들어 내거나, 기존의 도시 구조를 변경하거나, 개개의 건물을 설계하는 등 모든 종류의 작업을 막론하고, 도시를 설계하는데 이용되는 요소를 이해한다는 것은 분석적이고 창조적인 작업을 위하여 매우 중요하다.

베르트 비엘레펠드, 편집자

0. 서론 :개별 건물에서 빌딩 블록까지

도시는 개별 건축물의 단순한 집합 그 이상의 중요한 의미를 가지고 있고, 또한 대규모 건축물보다도 큰 의미를 갖는다. 도시는 근린주구나 근린분구와 같이 우리의 일상생활이 이루어지는 영역에서부터 건축물 단위와 근린주구, 심지어 도시구역 단위를 연결해주는 건조된 구조적 요소들로 구성된다. 따라서 이러한 요소들은 사적인 영역인 개별 주택 또는 단위 필지와 공적인 영역의 집합단위의 총체적인 도시환경을 연결시켜 준다.

이런 구조적 요소들은 도시의 빌딩 블록이라고도 불린다. 빌딩 블록은 도시에서 거리, 블록, 중정, 아케이드, 리본, 솔리테어, 그룹, 셰드 등과 같은 도시조직에서 서로 다른 형태와 기하학적 구조로 나타난다. 이에, 당연히 다양한 조합이 생성될 수 있으며, 이미 도시의 한 부분으로 자리 잡고 있다. 특별한 형태와 독특한 조합을 형성하는 도시구조 요소들은 특정한 기능과 생활양식을 만들어내는 등 우리의 삶에 영향을 미친다. 따라서 이러한 빌딩 블록을 이해하는 것이 도시설계 방법의 본질적인 측면인 것이다. 도시계획가와 건축가들은 그들이 설계한 것들이 미치게 될 영향력을 평가하기 위해서는 빌딩 블록에 대해서 고민해야 한다. 그리고 도시계획가와 건축가들이 적절하게 도시를 설계하기 위해서는 형태, 기능, 크기, 중요성 측면에서 매우 다른 도시구성요소들을 이해할 때만이 비로소 가능한 것이다.

다음 장에서는 이러한 빌딩 블록을 공간구조와 설계, 기능적 목적, 통합적 도시환경, 사적공간과 공적공간의 차이, 그들이 가진 조건 등과 같이 서로 다른 관점에서 이야기 하고자 한다. 또한 오랜 시간에 걸쳐 변화하는 도시의 기본적인 구조적 요소들에 관해서도 적절하게 다루고자 한다. 각각의 고찰은 역사적인 사례와 현대적인 사례를 이용하여 설명하고자 한다.

개별 빌딩 블록은 다음 네 가지 요소와 관련하여 다루어진다.

- 형태와 공간 구조 (도시구성요소에 대한 물리적 고찰)
- 도시공간의 형성 (“빌딩 블록”이 주위 환경과 도시공간에 미치는 영향력과 관계성)

- 기능, 방향 및 접근성
- 역사적 선례

물론, 이런 빌딩 블록들 간의 차이가 이 책에서 제시하는 것처럼 건축적, 도시적으로 항상 명확하게 드러나는 것은 아니다. 상당 부분 중복되고 경계가 모호하며, 혼합되는 것이 많아 그 범주가 명확하게 정의되지 않는다.

그렇기에 학생들이 도시에서 빌딩 블록의 순수한 형태를 공부하는 것은 매우 중요하다. 개별 빌딩 블록의 형태에 대한 이해는 도시에서 나타나는 빌딩 블록의 서로 다른 조합을 분석하는데 이용할 수 있을 뿐만 아니라, 학생들이 설계 하는데 있어서 충분히 반영될 수 있다. 이러한 관점에서 본 교재는 도시의 개별 빌딩 블록과 관련을 맺는 형태적, 기능적, 조직적 정보와 지식을 제공하는 것을 목적으로 한다.

1. 거리 (The Row)

건물열은 도시와 정주지에 있어서 가장 오래되고 중요한 구조적 요소 중의 하나이다. 그것은 가로에 의해 구획되고 접근이 되며, 일직선으로 혹은 비뚤어지거나 곡선으로 들어선 개인들의 필지와 건물들을 서로 연결해준다. 건물열은 개별 건물을 도시공간으로 확장하는 광범위한 도시 계획적 콘텍스트를 만든다. 도시와 마을의 넓은 영역의 기본적인 공간 구조는 건물열로 구성되어 있다.

1.1 형태와 공간 구조

가로와의 관계
Relation to the street

건물열 구성의 본질은 건물의 입구와 접근로가, 건물열을 공간적으로나 기능적으로 정의하는, 가로를 향해 있다는 사실이다. 〉그림 1 참고

개발 형태
Development forms

건물열은 선형 이외의 원칙뿐만 아니라 완전히 다른 개발 형태를 가질 수 있다. 건물열들은 개방되거나 닫힐 수 (즉, 테라스의 경우처럼) 있으며, 한 면 또는 양쪽 면을 가질 수 있다. 단독주택이나 한쪽 벽면이 옆집과 붙어 있는 연립주택의 열린 건물열에는 건물을 둘러싼 오픈 스페이스가 있다. 단독주택은 네 면이 개방적인 공간을 가지고 있는 반면에, 옆집과 붙어 있는 주택은 한쪽 면을 공유한다. 테라스 주거에서는 건물들이 공간의 가장자리를 연속적이고 시각적으로 형성하고 있는데, 이 건물들 사이에는 간격이 존재하지 않는다.

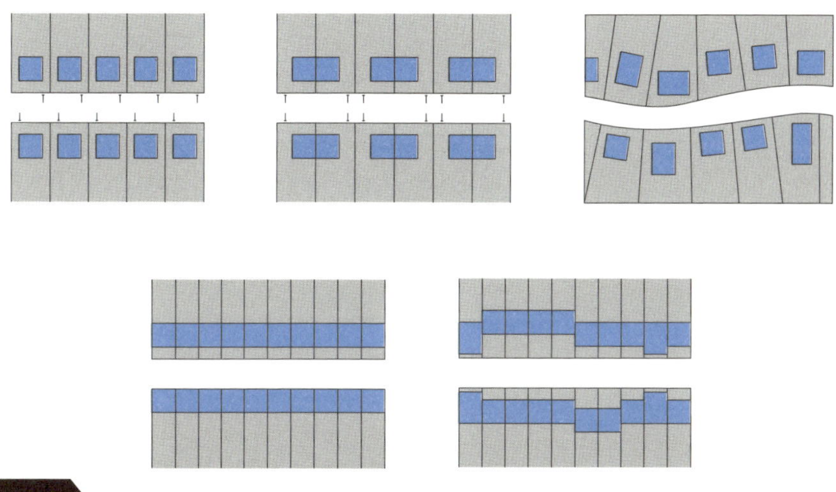

그림 1:
개방된 건물열과 폐쇄된 건물열의 다양한 형태

그림 2:
영국 남부도시 바스(Bath)에 있는 경사지위 가로 한 면의 전경

한 면의 건물열에서는 (개방되거나 닫힐 수 있는) 가로의 한쪽만이 개발된다. 양면을 모두 가진 건물열은 양쪽 면에 모두 건물이 들어선다. 양면을 가진 건물열에서 반대편의 건물들은 반드시 똑같지 않아도 된다. 건물열의 양면은 공식적으로 서로 독립적이다. 건물열은 특히 그 열린 형태에 있어서 다이내믹한 대지 지형에의 적용이 뛰어나다. 〉그림 2 참고

통일감 속에서의 다양성
Diversity in unity

건물열은 매우 다양하게 적용시킬 수 있는 도시블록이며, 다양한 구성 원칙이 있다. 생김새, 입체적 형태(폭, 깊이, 높이) 및 연속 면에서의 개별 건물의 기능들은 비슷하거나 완전히 동일할 수도 있다. 〉그림 3 참고 건물열은 또한 상당히 차별적이고 불규칙하고 이질적인 형태로 완전히 다르게 생길 수도 있다. 〉그림 4 참고 이것은 각각의 건물이 독특한 생김새와 정체성을 가질 수 있다는 것을 의미한다.

그럼에도 불구하고, 도시적 맥락에서 건물열은 종종 각각의 부분들이 서로 조화를 이루고 있다. 그 이유는 주로 경제적 측면에 있는데, 같은 유형의 반복적인 사용은 건축물과 아파트를 빠르고 저렴하게 건설하기에 용이하기 때문이다. 이러한 유행과 함께 등장한 단독 주택이나 옆면이 붙어 있는 주택 혹은 테라스 주거 등은 동일한 크기와 같은 내외부의 형태를 가지며 전체 영역에서 그들만의 독특한 성격을 만든다.

이론적으로는, 건물열이 끝도 없이 길게 이어질 수 있다. 하지만, 어떤 점에서는 토지이용이 비경제적으로 이루어질 수 있을 뿐만아니라, 도시하부구조의

그림 3:
왕립 광장의 똑같이 생긴 집들로 이루어진 거리, 바스(Bath)

그림 4:
암스테르담 항구의 개성 있는 건물들로 이루어진 건물열

용량과의 먼 거리 때문에 거리의 길이가 제한적일 수밖에 없다. 더욱이 긴 건물열은 건설토지로서 건물 뒤에 있는 토지의 전체 깊이를 개발하는 것을 불가능하게 한다. 일렬로 늘어선 건물열을 버리고 블록의 형태에 있어서 더욱 경제적인 도시 단위를 만들기 위해서는 대각선 건물열이 필요하다. 〉도시블록(The city block) 장 참고

경제적 효율성은, 한쪽에 치우친 건물열이 도시계획에 있어 보통 잘 쓰이지 않는 또 다른 이유가 된다. 만약 하나의 건물열이 두 면을 갖고 있다면 같은 양의 돈과 노력의 지출로 두 배나 많은 건물들이 도시하부구조와 연결될 수 있다. 한쪽에 치우친 건물열은 일반적으로 주택용지 또는 공원, 하천의 가장자리와 같은 특히 고품격의 주거나 작업 공간을 필요로 하는 특수지역에 국한되어 있다.

1.2 도시공간의 형성

건물열은 가로와의 직접적인 연결을 통해 명확하고 독특한 도시공간을 형성한다. 동시에 그들은 도시 전체의 하부구조망과 통합되고, 따라서 통합된 도시공간망의 일부가 된다. 건물열은 유연하게 도시구조의 빈틈과 중간공백을 채울 수 있고, 또한 용이하게 도시블록(city blocks), 리본(ribbons), 솔리테어(solitaires)와 같은 도시적 요소에 연결될 수 있다.

앞면과 뒷면
Front and back

건물열은 가로를 향해 있기 때문에 전면과 후면 사이가 명확하게 공간적으로 경계 지어진다. 이러한 구별은 각기 다른 기능(가로면의 공공적 사용과 정원 또

퍼골라(pergola) : 정원에 덩굴 식물이 타고 올라가도록 만들어 놓은 아치형 구조물

는 안뜰의 개인적 또는 선별적 사용) 뿐만 아니라, 각기 다른 건축 설계에 반영된다. 건물은 대개 가로 면에서는 절제되고 격식을 갖춘 디자인을 하게 되지만 뒷면에서는 좀 덜 엄격하고 좀 더 개별적인 적합성 및 변경의 중요한 과정의 영향을 받게 된다. (예를 들면, 테라스나 **퍼골라**, 겨울 정원 또는 지붕 공간을 만들기 위한 확장 및 리모델링)

가로공간으로의 전환
Transition to street space

가로에 면한 부분의 전면공간 설계는 도시 공간 형성에 있어 매우 중요하다. 이것은 특히 건물이 사적 공간에서 도시의 공공공간으로 전환될 때에 그러하다. 위치, 방향, 지형, 건물 및 기타 요인들에 따라 이 전면의 전환지대는 다양한 방법으로 설계 될 수 있다. 밀도가 높게 개발된 역사적 도시에서 한 때는 공공 가로에 직접 건물을 짓는 것이 공간을 절약하기 위한 통례였다. 건물의 경계와 건축 제한선이 결정되는 것이다. 이는 건물의 1층이 상업적 목적으로 사용되는 경우에는 적절한 해결방법이지만, 주거용지의 경우에는 1층이 가로와 같은 높이라면 보행자들이 개인의 공간을 들여다 볼 수 있기 때문에 적합하지 못하다. 따라서 가장 현대적인 도시의 주거 지역에서 건축가들은 건물의 개인 영역과 공공 영역 사이에 깊은 완충지대를 만든다. 이것은 대지에 이미 적용되어 있던 형태, 즉 집 앞 정원이나 옆집에 중요한 부가기능을 하는 공간(주차 공간, 카포트, 자전거 창고, 쓰레기통, 휴식 공간, 앉아있는 공간, 테라스 등등)을 따를 수도 있다. 일렬로 심어진 나무도 전환지대가 될 수 있다. 1층의 높이를 살짝 들어 올림으로써 건축가는 지나가는 사람들이 집 안을 들여다보지 못하게 할 수 있고, 또한 아파트 안의 사람들에게 매력적인 가로 공간을 제공할 수도 있다. 〉그림 5 참고

그림 5:
건물의 전용공간에서 도시의 공공공간으로의 전환

1.3 기능, 방향 및 접근성

혼합용도
Combined uses

도시 가로와 도시하부구조 망과의 직접적인 연결 때문에 건물열은 도시블록의 기능측면에서 모든 영역을 수행할 수 있다. 오늘날에도 우리는 가로에서 역사적인 도시의 중심지를 구성하고 유기적으로 진화한 생생한 사례를 곳곳에서 발견할 수 있다. 건물열의 이용에 있어 1층은 특히 단순한 주택 이외의 사용, 예를 들면 상점, 레스토랑 및 중소기업과 같은 용도에 적합하다. 필요하다면, 이러한 기능들은 건물확장이나 추가적인 보조건물 등을 통해 건물 뒷면으로 확대될 수 있다. 이것은 폐쇄된 거리에서는 일반적인 관행이고 그렇지 않으면 작은 공간을 제공해야 한다. 이것은 자동차도 대지의 뒷면으로 접근할 수 있도록 가능하게 해주므로, 건물 전면의 입구를 통해 자동차의 출입도 유용하게 된다. 그러나 그것은 가로로부터 보호받는 조용하고 개인적인 영역이 운전 차량이라는 또 다른 방해요소의 소음과 더 큰 공공영역으로의 접근성에 종속되게 한다.

그래서 건물열은 주로 주거용도라는 하나의 기능만을 하는 도시 요소로 발전했다. 이것은 아테네 헌장에 맞춘 현대의 도시계획 개념의 결과로써 도시의 기능을 주거, 노동, 이동으로 분리시켜버렸다.

밀도 높은 테라스 주거
Dense terraced housign

폐쇄적인 테라스 주거들로 만들어진 거리는 특히 도시 확장에 있어서 제한된 토지의 이용을 경제적으로 만들기 때문에 20세기에 매우 각광을 받았다. 상당히 많은 구획들을 아우르는 수용력 때문에 거리는 개별 주택들로 하여금 다른 곳에서 찾을 수 있는 단독 주택이나 옆집과 붙어 있는 주택들과 비교했을 때 높은 개발 밀도를 가질 수 있는 방법으로 개발이 가능하다. 표준화된 건축 요소의 경제적 효율성 이외에도, 거리는 개별 주택들이 매우 좁은 대지에도 지어질 수 있기 때문에 공간과 비용의 절감 효과를 기대할 수 있다.

\\ 참고:
아테네 헌장은 1933년 7, 8월에 열린 근대건축국제회의(CIAM)의 제 4차 회의 때에 발표된 것이다. 회의는 마르세유를 출항하여 아테네까지 항해하는 "파트리스(Patris, 선박)" 에서 열렸으며 르 꼬르뷔제가 가장 중요한 발언자였다.

\\ 참고:
테라스 주거를 짓기 위해 필요로 하는 대지의 너비는 대개 5.5~6.5m 정도이다. 이 경우에 4.5m까지 좁아질 수 있다. 25~30m의 깊이를 가지는 경우 전체 대지면적은 150~180m^2 에 달한다. 반대로 옆집과 붙어 있는 주택이나 단독주택은 300~400m^2 이상의 대지 면적을 필요로 한다.

방향
Orientation

건물열(row)은 가로(street)를 따라 형성되기 때문에 나침반의 바늘 및 태양과 관련된 거리의 방향은 가로의 진행에 의해 결정된다. 주택 및 아파트의 자연채광과 인공조명 조건의 결과는 향이라는 속성에 따라 크게 다를 수 있다. 이와 같이, 어떠한 입지적 불리함도 적절한 평면 구성(건물의 양면을 사용하는 평면 계획 등)으로 향을 고려해야 한다. 특히 닫힌 거리의 경우에는 하루 중 특정 시간에만 햇빛을 받게 되기 때문이다.

테라스 주거의 독특한 형태 중 하나는 다른 건물위에 한 줄을 더 쌓는 것이다. 이것은 대개 외부의 복도를 통해 진입하는 위층 세대를 가진 두 세대의 복층건물이다. 이 테라스 방식은 개인의 주택에 각각 진입함으로써 동일한 주거 품질과 분위기를 가진 고밀도의 도시환경을 만드는 데 이용될 수 있다. 〉그림 6 참고

용도를 혼합하는 연립 주택
Townhouse put to mixed uses

최근 들어 "연립 주택"이라는 용어가 고밀도로 개발된 도시 내부에서 주거와 노동의 기능을 결합한 거리(혹은 블록에서)에 있는 건물을 지칭하고 있다. 〉그림 7 참고 연립주택은 최소한 3층, 때때로 4층으로 되어 있다. 그것은 상업적 이용, 즉 1층에는 상점 혹은 사무실을 위한 충분한 공간을 제공하고 또한 별도로 노인용 별채나 개인 뜰, 정원 같은 것이 있을 수도 있다. 어떤 것들은 지붕 테라스와 같은 추가적인 외부공간도 있다. 연립주택은 위대한 건축적 다양성과 개성을 특징으로 하고 있다.

\\ 참고:
동쪽이나 서쪽 면에 접한 거리는 아침저녁으로 충분한 태양 빛을 받을 수 있으나, 정오에는 직접적인 태양 빛을 받을 수가 없다. 여름에는 태양 빛이 방을 덥히고 건물에 차양을 설치한다. 북반구에서 남쪽이나 북쪽을 향한 거리는 겨울 동안에도 쾌적한 실내 온도를 만들 수 있는 남쪽으로부터 오는 태양 빛의 장점을 가진다. 이러한 방향은 에너지 절감효과(수동적인 태양에너지 사용)를 덤으로 가지게 된다. 하지만 건물의 북쪽 면을 향해 있는 어떤 방들은 하루 종일(한여름의 늦은 오후를 제외하고는) 태양 빛을 받을 수 없다는 단점이 있다. 이것은 말하자면 이러한 방향으로는 결코 어린이 방을 설계하면 안 되는 이유이기도 하다. 하지만 건물의 북쪽 면에서 조명 조건이 지속적으로 유지된다면, 사람들이 방해받지 않을 수 있고 일할 수 있기 때문에 종종 스튜디오나 특정한 작업 공간으로 적합하다. 이 책에서 이야기한 이러한 남북의 방향에 대한 언급들은 남반구에서 건물을 고려할 때에는 반대로 적용되어야 한다.

그림 6:
런던 고밀도 개발지역인 마게스 로드(Margess Road) 단지 복층 아파트의 거리

그림 7:
칼스루에(Karlsruhe) 중심에 있는 타운하우스의 거리

1.4 역사적 사례

비슷한 대지와 건물로 구성된 건물열을 만드는 것은 고대 그리스의 새로운 식민지 건설을 포함해 고대의 도시에서 중요한 역할을 했다. 이것이 인기가 있었던 이유는 간단하고 합리적인 원칙에 따라 도시의 토지를 나누었기 때문이다. 또 다른 이점은 이것이 모든 주민들을 평등하게(모두에게 동일한 조건과 동일한 사용) 대우할 수 있도록 해주었다는 점이다.

중세의 연립주택
Medieval townhouses

중세의 도시 역시 대지와 건물의 건물열들을 기반으로 했다. 이 건물들은 비록 유형학적 관점에서 보았을 때는 동일하게 보이지만 그것들의 건축적 디테일은 매우 달랐다. 용도가 혼합된 장인 또는 상인의 집들이 도시의 기본 단위를 형성했다. 그 앞면에서는 골목길, 가로 광장과 같은 도시의 공공공간과 엮이게 된다. 그 뒷면에서는 바깥세상에서는 거의 보이지 않는 안뜰과 정원들로 구성되어 완전히 개인적인 공간을 가지게 된다. 도시공간이 더욱 밀도 있게 개발되고 더 많은 공간이 필요했다면 추가적인 건물은 뒤편에 지을 수 있었다. 전형적인 예는 그단스크(Gdansk), 뤼베크(Lubeck), 암스테르담(Amsterdam)과 같은 수많은 중세 마을에서 찾을 수 있다. 이러한 도시들은 오늘날까지 그들 도시만의 분위기와 삶의 질을 유지하기 위한 유지 관리에 힘쓰고 있다. 〉그림 8 참고

전원도시
Garden cities

역사도시들과 특히 19세기의 공원 도시들은 너무 높은 밀도의 개발과 답답한 생활 조건 때문에 비판을 받았다. 이에 대응하여 20세기 초반 영국에서 유래한

그림 8:
그단스크(Gdansk) 구시가에 있는 중세 상인들의 주택의 거리

전원 도시 운동을 통하여 개방적이고 폐쇄적인 거리를 모델로 하는 새로운 주거단지와 도시의 확장 프로젝트를 위한 방안이 모색되었다. 도시 계획 및 공간적 목표는 다양하고 개방된 구조를 만드는 것에 있었고, 사회적, 경제적, 건강과 위생 문제와 같은 일반적인 개혁을 구현하려는 의도와도 관계가 있었다. 도시 계획가들은 특히 녹지지역에서 노동 계급을 위한 주택을 제공하는 것에 매우 힘썼다. 테라스 하우스 뒤의 깊은 정원은 가족들의 요구를 충족시키기 위한 농지로 사용될 수 있었다. 〉그림 9 참고

현대의 토지
Modern estates

이러한 개념은 베를린에서 브루노 타우트(Bruno Taut)와 마르틴 바그너(Martin Wagner)의 주거지역과 에른스트 마이(Ernst May)에 의해 프랑크푸르트에 지어진 지방자치단체 기획실 프로젝트에서 볼 수 있듯이 20세기 초반 Neues Bauen 운동(신

\\ 참고:
전원도시운동의 중심적인 저서는 1898년에 출판된 에버니저 하워드의 『내일: 진정한 개혁으로 가는 평화의 길(Tomorrow: A Peaceful Path to Real Reform)』이다. 하워드는 전원도시가 도시와 전원 모두의 장점을 결합하길 원했다. 이런 도시들은 주거와 업무를 위한 장소를 의도했기 때문에 산업시설과 문화시설을 모두 포함했다. 하워드의 개념에 따라 대체로 자율적인 (거주인구 32,000명씩의) 6개 도시들이 하나의 중심 도시지역(거주인구 58,000명) 주위로 군집화되었다. 하지만 이런 자율적인 전원도시들 중에 실제로 지어진 곳은 몇 군데뿐이다. 그 첫 번째는 1904년에 런던 북부에 세워진 레치워스였다. 대부분은 기존 도시들 주변의 전원적인 교외로 계획되어 그 도시들에 기능적으로나 경제적으로 의존하는 상태로 남아있었다.

그림 9:
칼스루에(Karlsruhe) 교외 전원도시의 테라스 주거

그림 10:
뢰머슈타트(Romerstadt)의 테라스 하우스, 프랑크푸르트

건축 운동)의 테라스주거 설계에 이용되었다. 뢰머슈타트(Romerstadt) 지역은 각각 정원을 가진 집들이 한 줄로 늘어서는 표준화되고 경제적인 거리를 원칙으로 한다. 이 방식은 쾌적한 분위기와 함께 간결한 도시 가로 공간을 만든다. 〉그림 10 참고

현재 연립주택의 르네상스는 건물열이 여전히 큰 매력을 가지고 있음을 보여준다. 이것은 생활방식의 다양성을 가능하게 하는 대단한 개성을 가진 도시의 주택 양식이다. 동시에 토지를 과도하게 소모하고 있는 단독주택 건설의 결과와 같이 우리의 도시를 둘러싼 지역의 통제되지 않은 개발은, 좀 더 적은 공간을 필요로 하는 거리와 같은 지속가능한 주택 모델을 위해 조속히 해결해야 할 일이다.

\\ 참고:
Neues Bauen 운동(신건축 운동)은 1919년 바이마르에 공예, 건축, 시각 예술을 위한 작업장으로 문을 연 바우하우스 시기 즈음에 등장한 것이다. 이 운동의 기본 목표는 역사주의를 극복하고 산업 생산 방식의 활용을 통해 합리적인 건축을 가능하게 하는 것이었다.

2. 도시블록(The City Block)

건물열과 함께, 도시블록(또는 건물의 구획)은 도시 디자인의 가장 오래되고 중요한 요소 중 하나이다. 예전부터, 그것은 유럽의 도시구조에 중요한 영향을 끼쳤다. 그러나 20세기 초 도시계획가들은 도시블록이 불평등한 삶의 환경을 만든다고 주장하였다. 그리고 도시요소로서의 긍정적인 측면을 가진 도시블록의 중요성은 20세기 말이 되어서야 재발견되었다.

2.1 형태와 공간구조

내부와 외부
Outside and inside

블록은 일단의 필지들의 집합으로 이루어진다. 특별한 경우에는 단독으로 이루어지기도 한다. 그리고 블록은 모든 면이 도로에 의해서 둘러싸여 있고 접근할 수 있다. 블록을 형성하는 건물의 전면 파사드는 도로 쪽을 향한다. 그리고 블록의 내 · 외부공간과 공공공간을 전면에 두고 사적인 영역을 후면에 두려는 강한 건축적 성향 사이에서 명확한 차이를 형성한다. 블록의 내부는 비어질 수도 있고, 건물들로 부분적으로 또는 완전히 채워질 수도 있다. 그것은 정원, 안마당, 공터, 차고, 저장 공간, 보조 건물 등으로 사용될 수도 있다.

블록 기하학
Block gemetries

블록은 넓은 범위에서의 기하학적 형태를 띨 수 있다. 블록은 삼각형, 직사각형, 정사각형, 다각형, 타원형, 반원형 또는 원형도 될 수 있다. 블록의 모든 면에서 결정적 요인은 블록이 외부지역에 접근하게 되고 향하고 있다는 것이다. 그럼에도 불구하고, 블록의 기본적인 기하학적인 형태는 아파트에서의 채광조건이나 내부지역의 질 및 디자인과 같은 건축디자인과 도시디자인(예를 들면, 날카로운 코너)을 위해 다른 골격들을 이끌어 낸다.

건물들의 블록은 모든 면에서 닫힐 수 있거나, 블록의 가장자리는 가로막히거나 공간적인 틈이 생길 수 있다. 하나의 개방된 도시블록은 테라스식, 한 쪽 벽이 옆채에 붙은 또는 단독주택의 짧은 열로 이루어졌다. 그러나 건물들은 서로 인접하여 위치해야만 하고, 각 건물들은 개별적인 것으로 보이게 해서는 안 된다. ›

그림 11 참고

모서리 설계
Designing corners

블록의 모서리를 설계하는 것은 건축적인 관점 이외에도 특별한 의미가 있다. 첫 째, 양측에서 접근될 수 있기 때문에 모서리는 특히 유리한 위치에 있다(상점, 대중음식점 및 다른 상업적인 시설). 둘째, 모서리는 다수 불리한 한계점을 가지고 있다. 후방(건물)지역은 매우 작거나, 전혀 어떠한 후방 공간도 없다는 점이

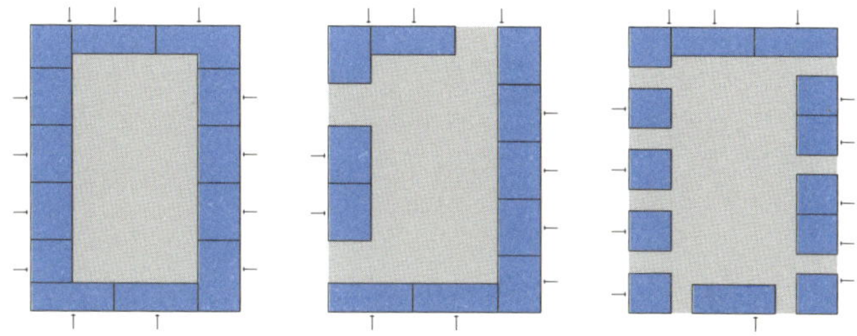

그림 11:
도시 구획의 다양한 형태

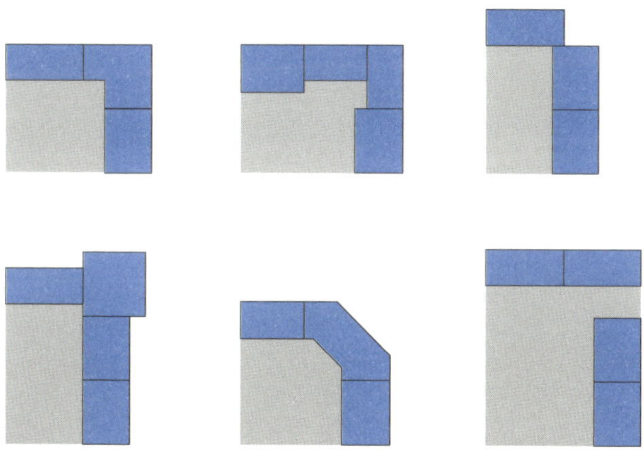

그림 12:
다양한 모서리 설계의 예시

다. 모서리는 개인적인 용도 또는 확장에 부적합하고, 좁은 뒤쪽 정면은 건물의 방향 때문에 자연채광도 불충분하다.

모서리 건물들이 충분한 빛을 받도록 도시블록의 모서리는 간격을 가지고 설계 되어야 한다. 또한, 블록의 모서리를 완전히 없애거나 비스듬하게 둘 수 있다. 또 다른 방법으로는, 특별히 넓거나 또는 좁은 코너 건물을 만드는 것이다. ›그림 12 참고

2.2 도시공간의 형성

도시로의 융합
Integration into the city

도시블록은 주변의 도시구조와 밀접한 융합을 이루어 낸다. 그리고 도시블록은 또한 공간적이며 기하학적으로 정해지는 도시의 가로망과 건축제한선과 연관성이 있다. 도시블록은 연속적으로 닫힌 도시공간으로서, 블록의 모든 면에서 접근할 수 있기 때문에 주변의 도시구조와 외곽 도시지역의 연계성을 확보할 수 있다.

건물의 외부 경계는 자연스럽게 도시의 공공장소와 건물의 사적인 공간과 대지 사이 경계를 이룬다. 건물열(the row)에서 살펴본 바와 같이, 이러한 경계의 공간적인 설계 방법은 여러 가지가 있는데, 이러한 설계 방법들은 건물이 가로에 면해 직접 서있거나 가로에서 약간 후퇴하여 있느냐에 따라(예를 들면, 정면 정원을 통해)서나 또는 건물의 지상층이 주거인지 상업용인지, 그리고 건물에 지하층이 있는지)에 따라 달라진다. 〉 거리(The row) 장 참고

정면과 후면
Front and rear

정면과 후면을 설계에서 다루는 다른 방법으로는 외부(도시의 공공영역과 연결이 되는)와 내부(공유되는 사적인 공간과 연결이 되는) 사이에 명확한 공간의 차이를 반영하는 것이다. 이런 전후면의 차별적인 설계는 외부공간(open space)의 설계뿐만 아니라 건축적인 설계에도 적용된다. 가로와 연관된 건물의 파사드는 모든 사람들에게 쉽게 보이기 때문에 대개 설계함에 있어 높은 수준의 창의성이 요구되곤 한다. 건물 파사드의 재료는 인상적이며 품위 있는 성격을 만들기 위해 선택되어지며, 수평 및 수직 구조, 비례, 그리고 창문의 건축적 장식은 고도의 창조적인 원리를 따르고 있다. 이와는 대조적으로, 후면은 일반 대중과 이웃사람들에게만 보여지고 제한된 어느 정도까지만 접근할 수 있기 때문에, 주로 실질적으로 요구되어지는 부분을 만족시키기 위하여 설계된다. 창문은 엄격하게 기하학적인 조직 원리를 따르지 않으며, 창문의 크기와 위치는 사용되는 목적에 따라 설계 원

\\ 참고:
더 획일적인 디자인 경향이 있는 20세기 도시블록에서는, 실내와 외부 입면은 주로 건축과 공공공간에 대한 새로운 이해 때문에 유사하게 다루어졌다. 그렇지 않았다면 내부와 외부 영역의 서로 다른 공간적 특성이 존재했을 것이다.

리가 반영된다(부엌, 목욕탕, 부속시설 및 거실). 건축은 좀 더 유연하므로, 더욱 쉽게 개조 할 수 있다(확장과 같은 리모델링 프로젝트와 개조). 이와 같은 모든 측면에서 도시블록은 매우 복잡하고 유연한 공간 체계이면서, 여러 종류의 다양한 행동, 활동, 사물 등을 잘 융화하기도 한다.

고밀도
High density

도시 토지의 합리적이고 경제적인 이용으로 도시블록은 상대적으로 고밀도를 가능하게 한다. 이것은 우리 도시를 둘러싸고 있는 지역에서 현재 논의가 되고 있는 토지의 고밀이용이 가능하게 하는 토지이용에 대한 중요한 환경적, 경제적 이점으로 간주될 수 있다.

2.3 기능, 방향 및 접근성

복합용도
Mixed uses

도시블록은 도시의 넓은 공간 체계와 가로 그리고 광장과의 직접적인 통합으로 인해 다양한 기능과 혼합적 이용에 적합하게 짜여있다. 도시블록에서 건축물의 지상층은 비록 도로와 인접하고 프라이버시가 결여되어 있는 반면에, 상점, 소규모 사무실, 음식점이 입지하기에는 최적의 위치라는 사실이 지난 수세기 동안 증명되어 왔다.

그륀더차이트 (Grunderzeit) : 1870-1990, 토대기, 설립의 시대, 창업자 시대

도시블록의 유연성 있는 후면 영역은 다양한 활동과 이용을 위한 공간을 제공할 수 있으며 이로써 후면 영역에서의 보조 건물에서 건축적 표현이 나타나곤 한다. 중세와 그륀더차이트 시기에는 종종 블록 안에 작업장이 있고 집과 일터가 아주 가까이 붙어 있었다. 또 다른 예로, 도시블록 내부에 위치하는 공장건물을 들 수 있다. ›그림 13 참고 필요에 따라, 전면 건물을 통해서 이어진 입구를 따라 후면 중정에서 접근할 수 있게 되어있다.

20세기 초에, 도시블록 안에서 소음과 오염을 일으키는 기업을 추방하려는 움직임이 있었다. 이것은 주거, 일터, 여가, 교통 등의 도시기능을 분명히 구분할 것을 제안하는 아테네 헌장과 관련하여 일어났다. (건물열 장 참고) 애초에 블록은 우선적으로 주거를 위해 사용되고 블록 내부지역은 개인 정원이나 공공의 운동장, 오픈스페이스, 정원과 조경공간으로 이용되어왔다.

1970년대에 이르러서야 비-분열적 기능들의 균형 잡힌 조합방식이 다시 한 번 도시에 소개되었다. 산업 사회에서 서비스 사회로의 전환은 일터자체와 일터 때문에 발생되는 방해요인 그리고 일터가 도시의 일부 주거지역에 기능적으로 통합될 수 있는 편리함에 변화를 가져왔다. 대부분의 경우, 복합이용이 문제가 되기보다는 오히려 특별한 질을 만들게 한다. 상업용도의 개발밀도에 있어서 도시의 모든 블록이나 하나의 근린주구 내에서 같은 수준이 아니더라도 도시블록은 그

그림 13:
블록 내부를 이용하는 다양한 방법

러한 조합을 위해 우수한 조건을 지속적으로 제공한다. 이러한 밀도는 주로 주거용도로 사용되는 주변 지상 층과 함께, 주요 교통노선에서 가장 높다.

건물 깊이와
오리엔테이션
Building depth and
orientation

도시블록의 가장자리는 가로를 따라 형성되기 때문에 건물의 방향성에 제약이 따른다. 건물의 양면이 도로를 향하는 아파트에서는 부속 방들은 자연채광이 비추지 않는 내부지역에 위치할 수 있다. 이것은 동서축 방향의 건물 깊이가 평균적으로 11~13m로 추정된다. 주축이 남북방향인 건물의 평면계획은 건물의 폭이 더 넓어야 하고, 건물의 깊이는 약 9~11m의 좁은 깊이를 가져야 한다. 이러한 평면배치는 남쪽면의 파사드를 더욱 효율적으로 사용할 수 있으며, 결과적으로 자연 채광을 받을 수 있다.

도시블록에서 동향의 아파트 배치에 영향을 미치는 또 다른 중요한 요인은 햇빛뿐만 아니라 도로 통행량과 도로에서 발생하는 차량소음이다. 많은 경우에, 건축가들은 건물의 그늘진 곳에 있을 조용한 후정에 아파트를 배치하는 것보다는 도로와 도로변의 소음에 면하더라도 일조가 가능한 향에 아파트를 배치하는 것에 비중을 두어야만 할 것이다. 이에, 모든 요구를 만족시키기 위해서 건물의 평면이 건물의 양측 면까지 확장되도록 계획하는 것을 권장할 만 하다.

주차 공간
Parking spaces

주차장은 종종 도시블록의 전면도로에 평행방향, 사선방향 또는 직각방향으로 배치된다. 매력적인 녹색도시의 풍경은 대략 5개에서 10개의 일정한 간격의 주차공간사이에 가로수 식재를 통해 이러한 주차패턴을 변화시킴으로서 만들어 질 수 있다. 현대도시에서 교통량 증가로 인해 주차공간에 대한 수요를 충족시키기엔 부족할 것이다. 이러한 경우, 건물지하공간이나 내부 중정공간이 적정한 주차공간으로 요구되어진다. 토지이용의 상충, 소음문제를 야기하기 때문에 도시블록 안에 지상주차공간을 두지 않는 것이 중요하다. 그러나 지하주차장은 내부중정에 개방된 식재공간을 디자인 하는데 제약이 따르고, 잠재적으로 건축비용의 상승을 수반한다. 도시블록 내부중정의 지상에 주차장을 설치하지 않는 것이 중요한 이유는, 도시블록내의 지상주차공간은 내부중정의 경관을 저해할 뿐만 아니라 후정의 정적인 활동과 충돌되거나 차량소음을 발생하기 때문이다.

2.4 역사적 사례

고대의 도시블록
City blocks in Antiquity

예로부터, 도시블록은 도시설계의 가장 중요한 요소 가운데 하나가 되어왔다. 도시블록은 일찍이 B.C. 6세기의 그리스시대에서 사용되었고, 새롭게 발견된 5세기에 히포다무스(Hippodamus)가 설계한 밀레투스(Miletus)에서 사용되었는데, 밀레투스의 도시 형태는 규칙적인 간격으로 직교하는 그리드를 기본패턴으로 하고 있다. 〉그림 14 참고 올린투스(Olynthus), 아그리젠토(Agrigento), 파이스툼(Paestum), 그리고 나폴리(Naples) 등의 그리스시대의 많은 식민지 역시 블록 시스템으로 계획되었다. 로마의 도시계획은 그리드 원리를 받아들여 새롭게 발견한 쾰른(Cologne), 트리어(Trier), 님(Nimes), 볼로나(Bologna)와 플로렌스(Florence) 등의 도시에 그리드 시스템을 엄격하게 적용하였다. 이러한 주거지들은 주로 *카스트룸(castrum)*과 같은 군 야영지에서 기원하여 도시가 발전되었으며, 남북방향의 *카르도(cardo maximus)*와 동서방향의 *데쿠마누스(decumanus maximus)*가 직각으로 교차하는 두 개의 주요 가로에 의해 도시가 형성되었다. 〉그림 15 참고 이러한 두 가로 축은 도시를 네 개의 지역으로 분할하는

\\ Tip:

복합용도 경우에는 고도의 유연성을 확보하기 위해서, 블록에 위치하는 1층의 천장의 높이는 인접하는 주요도로에 따라 경미하게 높여질 수 있다. 주거용으로 요구되어지는 일반적인 천정고인 2.5m의 높이 대신 3.0나 3.25m의 천정고가 쓰일 수 있다.

\\ Tip:

어림잡아 건물들이 최대 3개 층이라면, 그것은 거리를 따라있는 지속적인 대각주차공간이 가구당 하나의 주자공간이라는 것을 추정할 수 있다. 그러나 건물에 층이 더 있는 경우에는 다른 해결책들이 필요하다.

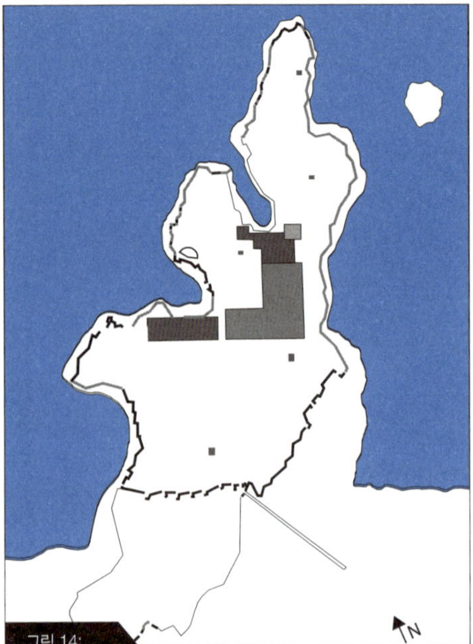

그림 14:
밀레투스(Miletus)의 시가지도, 그리스

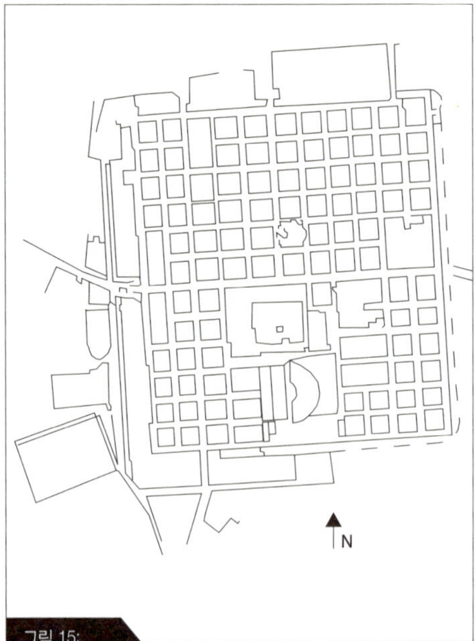

그림 15:
알제리에 있는 로마시대 계획도시인 팀가드(Timgad) 지도

데, 이를 "도시4등분 (city quarter)"이라고 불린다. 시장과 중요한 공공건물들은 카르도와 데쿠마누스가 교차하는 지점에 위치하였고, 이외의 가로들은 카르도와 데쿠마누스와 평행하게 계획되었으며, 이러한 가로 체계는 블록구조를 형성하였다. 언덕이나 강 같은 도시의 지형적 특성과 도시네트워크로 통합되지 못하는 기존 도로망은 이러한 그리드 패턴에서 탈피하였다. 결과적으로, 이렇게 격자형 그리드 패턴을 적용하기가 지형적으로 어려운 위치에 있는 도시에서는 블록의 형태가 삼각형이나 다른 장방형의 특징을 갖는 것이다.

중세 도시블록
Medieval city blocks

부흥 전 중세에 후기 로마시대의 대규모 인구 감소와 도시 노후화 속에서도 많은 곳에서 로마 도시형 배치가 남아있다. 새로운 건물이 로마 격자 원형에 따라 건립되었더라도, 가로 배치 및 블록 구조는 크게 변하지 않았다. 로마 격자에 근거를 두지 않고 확장된 도심권과 중세시대의 새로운 대부분의 도시는 다른 모양과 크기의 다각형 구획의 체계를 이용했다. 이것은 건물로의 접근 및 생활과 상업으로의 접근을 제공하는 도로, 길목과 광장으로 이루어진 특유의 공공도시공간을 만들었다. 이와는 대조적으로 사적인 후면 공간은 보도건물, 안마당, 정원으로 이루어졌다. 〉그림 16 참고

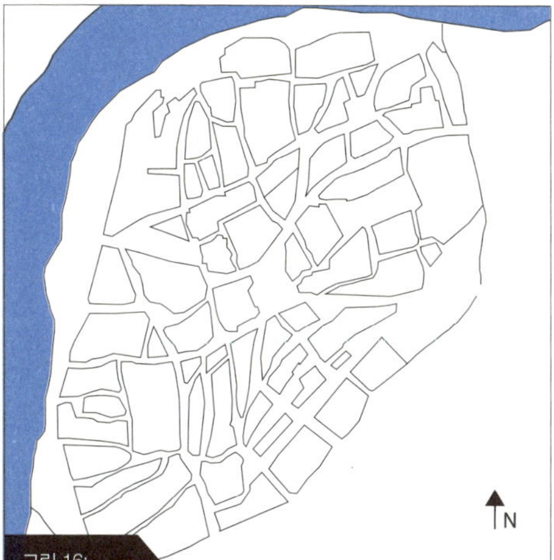

그림 16:
프라하의 옛 중심가

그림 17:
만하임(Mannheim, c. 1824)의 배치

식민지에 있는 도시
Cities in colonies

1593년 베니스의 북동쪽에 세워진 팔마노바(Palmanova)의 요새도시와 같은 르네상스의 새로운 도시들과 고대의 규칙적인 격자 원형의 모형을 채택했던 17세기의 만하임(Mannheim)과 같은 바로크시대의 도시계획은 북아메리카와 남아메리카에서 발견된 도시들의 형태와 동일하다. ›그림 17 참고 스페인과 포르투갈 정복자들은 도시 디자인의 공식적인 원리로서 신식민지에 규칙적으로 배열하는 도시 구획의 아이디어를 적용하였다. 이런 기본적인 격자형 그리드 패턴은 멕시코시티, 리마, 카라카스 및 산토도밍고와 같은 오늘날의 현대 도시에서도 도시의 중심 조직 구조로 남아있다. 가장 대표적인 예 가운데 하나는 북미의 맨해튼이다. 맨해튼은 독일 이주민에 의해 발견되었는데, 맨해튼의 도시배치는 체스판과 같은 패턴을 도시기본구획으로 사용하였다. 그러나 현재의 고층과 초고층 건물들의 도시경관은 건물이 높지 않았던 전통적인 도시구획과는 근본적으로 다르다.

산업 도시
Cities in the industrial age

급격한 성장을 이룬 19세기 산업혁명시기의 도시들은 도시전체의 통합, 다양한 활동, 건물과 인구의 고밀도에서의 유리함 때문에 블록구조를 채택했다.

독일 *그륀더차이트(Grunderzeit, 1871-1914)*에 있는 베를린의 확장기에 도시계획가들은 도로에서 차량진입이 가능한 입구가 배치된 다양한 뒷마당을 가진 조밀한 구획을 개발하였다. 세장비가 큰 부지의 소로와 고밀도 건물의 이러한 조합은 가용부지에서의 더 좋은 토지이용을 촉진하였다. 그러나 이러한 고밀 개발로 인해 후

그림 18:
프렌츨라우어 베르크(Prenzlauer Berg) 지역 그륀더차이트(Grunderzeit)의 블록 구조, 베를린

정에 면하는 아파트의 많은 방들은 심지어 15명 이상이나 생활하는 방들은 자연 채광이나 충분한 일조를 받지 못하였다. 헥타르 당 1,000명 이상의 조밀한 인구 밀도로 인해 위생조건은 대부분의 경우에 완전히 부적합하였고 생활환경은 비극적이었으며, 결핵과 다른 전염병이 만연했다. 〉그림 18 참고

19세기에 이러한 열악한 사회적, 위생적 환경은 많은 사람들에 의해 신랄한 비판을 받았는데, 프리드리히 엥겔스(Friedrich Engels)는 1845년 그의 책 『영국 노동자계급의 상태(The Condition of the Working Class in England)』에서 지적하였다. 20세기 초 이러한 비판은 도시구획의 부분적인 개혁을 이끌어냈다. 암스테르담의 헨드릭 페트루스 베를라헤(Hendrik Petrus Berlage)와 로테르담에 있는 야코뷔스 아우트(J.J.P. Oud)와 함부르크의 프리츠 슈마허(Fritz Schumacher)의 프로젝트에서 설명되는 것처럼, 현대 블록에서는 이전에 후정에 세워졌던 건물들이 녹지공간으로 대체되었다.

1920년대에는 *Neues Bauen(신건축)* 〉 건물열(The row) 장 참고의 특징은 도시의 주요 구조요소로서의 독립된 리본에 의해 닫힌 블록을 대체하려는 노력이 있었다. 〉 리본(The ribbon) 장 참고 이러한 발전은 근본적으로 유럽 도시의 외관을 바꾸었다. 이후에 수십 년 동안, 도시블록은 도시구성요소로서 그 중요가 상당히 낮게 평가되었다.

그림 19:
쉬들리치 프리드리히슈타트(Sudliche Friedrichstadt)의 신도시 블록, 베를린

그림 20:
쉬들리치 프리드리히슈타트(Sudliche Friedrich stadt)에 있는 구획 안쪽에 조용한 자치지역

도시블록의
르네상스
The renaissance
of the city block

도시블록의 중요성은 1960년대, 1970년대, 그리고 1980년대에 이르러서야 프랑스, 이탈리아, 독일 그리고 그 외 유럽 국가들에서 다시 관심을 갖게 되었다. 유럽 국가들이 이런 도시블록에 대한 관심을 증폭하게 된 계기는 도시에 가졌던 현대건축과 *Neues Bauen(신건축)*이 도시에 미쳤던 부정적 영향에 대한 수많은 비판이었다. 1980년과 1990년 사이에 베를린에서 개최되었던 베를린 국제건축박람회(IBA)를 위해 세워진 프로젝트들은 이러한 변화된 철학의 표현이었으며, 더 나아가서는 도시 치유의 슬로건 아래 진행되었다. 〉그림 19, 20 참고

오늘날 도시블록은 이전과 같이 도시계획 요소에서 중요한 수단이고, 심지어 2~3년 전에 비판받았던 그륀더차이트 근린주구는 도시 밀도와 복합 용도에 의

\\ 참고:
1966년 건축가이자 이론가인 알도 로시(Aldo Rossi)는 *L'architettura dellacitta* (영어판 : The Architecture of the City 도시의 건축)이라는 영향력 있는 책을 출간했다. 이 책에서 로시는 도시 공간 창조에서 블록구조의 재역할을 강조한다. 또한 로시는 그러한 블록구조들의 연속성을 강조하고, 더 나은 사회 및 사회적 정체성과 역사를 위해 도시블록의 중요성을 강조한다.

해 많은 각광을 받고 있다. 후정은 비록 건물들로 매우 인접하여 가까이 들어서 있을지라도 더 이상은 모든 건물들로 채워져 있지 않다. 오히려, 토지소유자들은 종종 이런 건물들을 매력적이고 특이한 형태의 주거공간으로 탈바꿈하고 스튜디오, 다락방, 비파괴적인 소기업 등의 다른 용도로 사용한다. 심지어 새로운 구조물들은 충분한 공간이 있음에도 불구하고 블록 내부에 지어지고 있다.

\\ 참고:
19세기 산업도시들의 조밀한 블록구조는 개발밀도는 동일하나 인구밀도가 낮음으로 인해 새로운 매력을 얻었다. 오늘날 1세기 전에는 25~30명이 거주하였을 방 3개짜리 아파트에서 2명이 거주하는 것은 특별하지 않다.

3. 중정(The Courtyard)

도시 조직에 있어서 중정은 도시블록의 반전이라고 볼 수 있다. 건축물의 일정한 배치는 단지와 중정에서 동일할 수 있지만, 블록에서 건축물(즉 단지의 가장자리를 따라 위치하는)이 외부에서 접근 가능한 반면에 중정의 건축물들은 내부에서 접근할 수 있다. 결론적으로, 중정에서 건축물의 정면들은 안쪽의 공간을 향해 위치하세 되고 후변이 바깥을 향하게 된다. 내부 영역은 –부분적으로라도– 공공공간이 된다.

도시 계획의 용어로 이용되는 "중정(courtyard)"은 유형학적인 모델인 농장 안의 닫힌 마당(the enclosed farmyard) 혹은 건축물들이 중정을 중심으로 회랑으로 묶여있는 수도원 단지(monastery complexes)에서 발생했다. 그러므로 이 용어는 형식, 기능적인 조직에 있어 중앙에 위치하는 공지와 건축물의 총체를 말하게 된다. 전체로서 이 건축적인 총체는 자족적, 자립적이며 내향적인 성격을 가지게 된다.

3.1 형태와 공간구조

중정은 일반적으로 완전한 구성단위로서 설계된다. 그 배치는 대체로 이웃, 공동체의 존재 이론에 기초한다. 〉그림 21 참고

외부 경계
Outer boundaries

중정은 매우 유사한 건축물들, 혹은 각각 유사한 형식을 가진 건축물들의 집합들에 의해 둘러싸일 수 있다. 두 경우에 있어서 중요한 특징은 중정의 가장자리는 공간적으로 크게 차단된다는 것이다. 보행 및 차량 진입로 이외에, 중정의 외부공간의 질을 방해할 만한 어떤 큰 빈 공간도 남겨져서는 안 된다. 만약 건축물이 그 자체로서 가장자리를 형성하지 않는다면, 그들은 벽이나 울타리와 같은 다

\\ 참고:
close라는 단어는 영어를 모국어로 하는 국가에서 사용된다. 그 어원은 수도원(monastery)을 의미하는 클로이스터(cloisters-closed off를 의미함)에서 시작된다. 독일어인 클라우제(Klause) 또한 이 글에서 이용될 수 있다 (외부로부터 차단되어 있는 건축물이나 그 집합 : 은둔처).

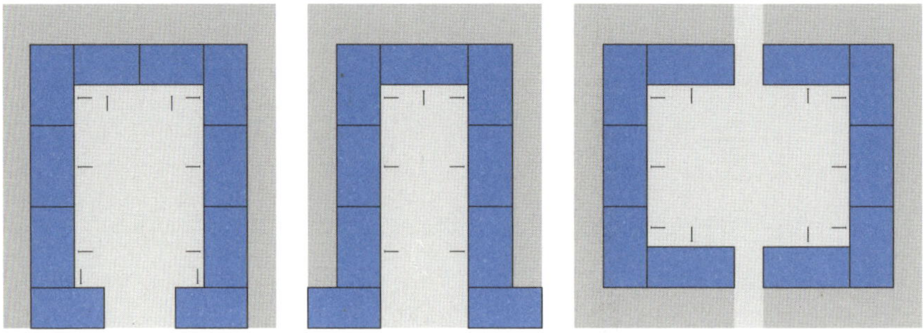

그림 21:
다양한 중정 형태

른 "가장자리 만들기 (edge-making)" 요소를 만들어 낼 수도 있다.

도시블록(block)에서와 같이 중정은 전혀 다른 기하학적인 형태를 가질 수 있다. 예를 들어 앞마당(forecourt) 혹은 진입 마당(entrance court)으로서 이들은 단지의 구조에서 보조적인 요소로서 기능할 수도 있다.

중정에서 건축물의 정면이 내부를 향하고 바깥쪽 면이 공공공간을 내려다보기 때문에(중정이 다른 빌딩들에 의해 완전히 둘러싸여 있지 않다고 가정했을 때) 양 쪽 면의 입면은 모두 특정한 설계에서의 필요 요소를 충족시켜야 한다. 도시블록과는 다르게, 중정의 내부 설계에 요구되는 고도의 형식적이고 창의적인 제한은 무작위의, 계획되지 않고, 승인되지 않은 설치와 확장에 그렇게 큰 자유를 허락하지 않는다. 중정에서 앞과 뒤 - 혹은 내부와 외부-는 입면의 디자인과 재료의 사용에 있어서 거의 차이가 없다.

3.2 도시공간의 형성

준 공공공간
Semi - open spaces

중정은 공공가로와 접근로의 통합된 체계에서 분리되어 있다. 일반적으로 대중들이 접근 가능한 반면에(혹은 건축물은 입장 불가능할 수도 있다), 준공공(semi-public)으로 가장 절절하게 표현되는 중정은, 제한된 공공적 특성을 가진 공간을 구성한다. 도시공간에서 중정으로의 전이공간의 설계는 특히 중요하며, 이 공간적인 긴장감, 경사로와 계단으로 인해 발생하는 높이의 차이, 진입로 등을 이용할 수도 있다. 또한 건축가들은 상이한 바닥 포장재와 식재, 기타 다른 특성들을 포함시킬 수도 있다.

중정은, 도시블록으로 말할 수 있는 도시적 환경과 크게 엮이지 않으며, 도시의 통합에는 그리 적절하지 않다. 〉도시블록(The city block) 장 참고 진입로는 종종 막다른 곳으로 연결되는 길이며, 중정을 가진 내향적인 성격으로 인해 의도적으로 도시공간의 네트워크의 연계를 막는다. 중정은 그 자체로서, 그 자체의 작은 세계로 남는다. 궁극적으로, 도시의 한 요소인 이러한 중정은 공공의 가로공간으로 연결되는 중정의 공간적인 연속성을 이용함으로써 도시환경에 보다 적절하게 융화될 수 있다. 그럴 경우 중정은 일종의 회랑(arcade)이 된다. 〉아케이드(The arcade) 장 참고

3.3 기능, 방향 및 접근성

공동 사용
Collective use

중정은 종종 공동체적(혹은 협동적) 주거의 도시 설계 모델로서 거주민들에게 대화할 기회와 공간을 만들고 사생활과 고요함을 즐길 장소, 도시환경의 번잡스러움에서 벗어날 수 있는 기회를 제공한다. 중정은 이웃과 함께 부분적으로는 자족할 수 있는 형태를 형성한다. 중정에서 거주하고, 일하는 사람들은 서로를 알고 있기 때문에 이방인을 바로 알아볼 수 있으며 이는 거주민이 안전함을 느낄 수 있게 하며 공동체 공간을 감시할 수 있게 한다. 건축가는 중요한 요소들을 바깥으로 향하게 함으로서(접근로, 공지, 공공공간) 사회적 장소로서의 중정을 강조할 수 있다. 복합적인 용도도 가능하다. 특별한 기능의 시설과 사무실, 의원 등과 같이 주변에 방해를 주지 않는 업무기능은 중정의 도시적 요소로서 혼합될 수 있다.

중정은 도시블록에 있어서 유사한 향과 채광 문제에 직면한다. 그리고 여기에서 모서리 부분을 설계하는데 다양한 설계 방법들이 사용되어 왔다. 〉도시블록(The city block) 장 참고 안쪽의 모서리는 설계에 있어 더 어려워지는데 , 더 작은 면적이 중정을 향하고 넓은 면적이 외부의 정원 혹은 후면을 면하게 되기 때문이다.

고밀의 개발밀도
High degree of development density

중정은 도시의 대지를 건축적인 목적을 위해 최적으로 이용할 수 있도록 한다. 도시블록과의 조합에서 중정은 건축물의 밀도를 높이는데 이용된다. 내부에서 진입이 가능하기 때문에, 중정은 도면상의 외부에서 추가적인 대지를 얻을 수 있게 한다.

접근로를 제공하는 기능에서 더 나아가 중정의 내부 공간은 벼룩시장, 어린이를 위한 놀이터, 만남의 장소, 유모차와 자전거 보관소, 배달 장소, 공공 공원 및 여가 공간을 포함한 더 많은 기능을 가질 수 있다. 가능하다면 중정의 여가공간의 질과 거주지의 고요함을 더해지지 않도록 주차 영역은 내부공간에 위치해서는 안 된다. 〉 도시블록(The city block) 장 참고

3.4 역사적 사례

중정의 주거
Courtyard houses

하나 또는 여러 개의 중정을 둘러싸는 구조의 주택들은 고대에 처음 지어졌으며, 오늘날에도 이들을 지중해 지방에서 찾을 수 있다. 이러한 중정형 구조는 특히 이슬람 건축에서 널리 퍼져있다. 그러나 도시설계의 관점에서 이런 중정 주택들은 사례로 보기 힘든데, 이들이 대부분 하나의 작은 대지에 지어졌기 때문이다.

농장과 수도원
Farmhouses and monasteries

추가적인 사례로는 거의 모든 부분이 외부에서 공간적으로 차단되어 있는 농장 주택 혹은 수도원 단지를 들 수 있으며, 이들은 널리 퍼져있다. 농장 주택과 수도원의 공통점은 그들이 주거 목적을 위해서만 지어진 것이 아니라는 점이다. 외부로부터의 보호, 거주민들이 만드는 사회적 공간의 보호는 양 쪽의 경우에서 동일하게 중요하다. 수도자들에게 집을 제공하던 기능에서 발전한 이탈리아 북부의 체트로사 디 파비아(The Certosa in Pavia)는 중정 구조와 유사점을 보인다. 〉그림 22 참고

자선주택 프로젝트
Charitable housing projects

1520년대 야콥 푸거(Jakob Fugger)가 빈곤층을 위해 건설한 아우크스부르크(Augsburg)의 주거 단지는 근대 초기의 공동체적 중정의 한 예로서 평가받을 만하다.

\\Tip:

만약 지하 주차장이 요구된다면, 주변 지역과의 적절한 연계를 유지하는 선에서 중정의 높이를 1m 정도 높이는 것도 고려할 만하다. 이는 주차장 진입 경사로의 길이를 줄이고 외부에 면한 벽을 통해 자연 환기가 가능하도록 해줄 것이다.

\\참고:

"붉은 비엔나(Red Vienna)" 시기의 비엔나 게마인데바우텐(The Wiener Gemeindebauten)은 노동자 계층의 주거 부족에 대한 사회주의 정부의 대응이었다. 1923년에 시작된 대규모 건설 계획의 일부로서 이는 연간 30,000 가구를 건설했다. 비엔나 호프(The Wiener Hofe, 비엔나식 마당)는 높은 층고와 공용 중정, 그리고 그 후 다양한 주거 시설들을 가진 기념비적인 주거 계획이 되었다. 가장 유명한 사례는 칼 마르크스 호프(the Karl-Marx-Hof)로서, 1,300이 넘는 가구 수, 수많은 기업과 공용시설을 가지고 있다.

그림 22:
체르토사 디 파비아(The Certosa in Pavia)의 중정

호프제(hofje) : 14-15세기경 가난한 사람들을 위해 부유한 사람들이 무료로 지어준 사설 구빈원으로 주로 공동으로 사용하는 안뜰이 있는 형태

이는 중세시대 독일의 도시들에 특히 많이 지어졌던 **호프제**(hofje, 사설 구빈원)에 근간을 두고 있다. 13세기에 시작된 이 자선 기구는 종종 자선 단체로서 노인, 빈곤층, 병자, 고아 등 사회의 궁핍한 계층에게 집을 지어주는 사업을 했었다. 가장 잘 알려진 사례 중 하나는 암스테르담의 버헤인호프(Begijnhof)이다.

중정이 최소한의 공용 공지를 제공하고 높은 밀도에도 불구하고 사생활의 질을 담보하기 때문에 사회운동들은 계속적으로 이를 사용해 왔다. 같은 이유로 19세기 산업들은 이 도시적 블록을 노동자들을 위한 가족적 주거 모델로 이용했다. 심지어 제멋대로 뻗어 나갔던 1920년대의 "비엔나 게마인데바우텐(Wiener Gemeindebauten)" (비엔나의 공동주거 단지) 또한 그 기본은 중정에 있었다. 미셸 브링크만(Michiel Brinkman) 또한 로테르담 스팽겐(Rotterdam-Spangen)에서 대략 270가구에 주거를 공급하는 대규모 계획에서 유사한 개념을 이용한 적이 있다(1919-1922). 지상 층의 진입로를 제외하고 건축물 2층 외부에 둘러싸인 옥외 복도가 주택으로의 진입로가 되었다. 〉그림 23 참고

그림 23:
로테르담 스팽겐(Rotterdam-Spangen)에 있는 미셸 브링크만(Michiel Brinkman)에 의해 설계된 주거 단지의 외부 복도가 있는 형태의 중정(1919-1922)

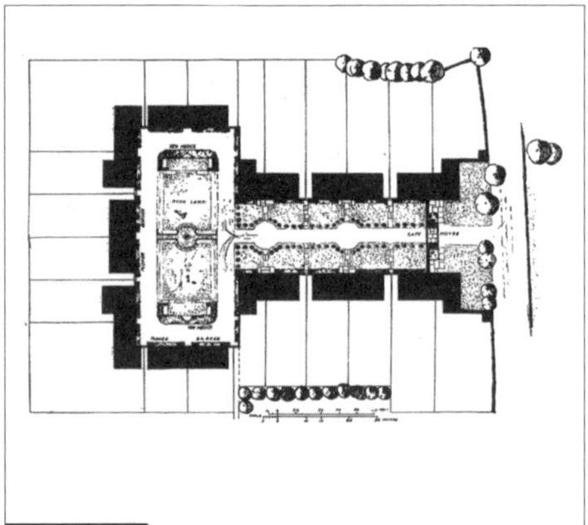

그림 24:
레이먼드 언윈(Raymond Unwin)에 의해 제안된 전원도시의 중정 디자인 (1910)

전원도시에서의 중정
Courtyards in the garden city

20세기 초, 테라스 하우스로 둘러싸인 중정이 전원도시 운동에서 사용되었는데, 조용하고 녹지화된 대지에 공동체를 기본 단위로 한다는 점 때문이었다. 여기에서 중정은 "closes"라고 불렸다. 이웃 간의 친근감과 작은 마을의 정체성은 특별한 역할을 했다. 건축가 레이먼드 언윈(Raymond Unwin)은 영국 남부의 전원도시인 레치워스 웰윈 가든시티(Welwyn Garden City)와 햄스테드 전원주택단지(Hampstead Garden Suburb)에 "closes"의 매력적인 한 예시를 설계했다. 〉 그림 24 참고

중정은 공동 주거 설계에 지속적으로 사용되고 있으며 특히 실험적, 협업적 주거 설계에 이용된다.

\\ 참고:
1910년에 설립된 그의 실제적 마을 설계Town Planning in Practice에서 레이먼드 언윈(Raymond Unwin)은 새로운 주거단지에서 중정의 설계 요소와 기능적인 특징들을 설명했다. 또한 그는 대지의 경제적인 운용과 중정을 둘러싼 건축물의 거주자들의 녹지, 공지에서의 풍경에 대해서도 언급했다.

4. 아케이드

아케이드는 일반적으로 줄지어 늘어선 상점들과 상업시설들로 이루어진 지붕 덮인 가로로 발달 되어왔는데, 이는 건물들의 열 사이를 통해 한 장소에서 다음 장소로 연결되는 형태이다. 아케이드는 내부에서 접근할 수 있다는 점에서 구조적으로 내부중정과 연계된다.

4.1 형태와 공간구조

유리로 치장된 가로들
Glass - covered streets

대부분의 경우에, 아케이드는 유리로 만들어진 지붕에 의해 덮인 쇼핑몰과 상점가이다. 공공가로로서 아케이드는 보통 보행자만이 접근 가능하다. 또한, 인접된 건축물들의 고급스런 이미지를 만들어내기 위해 신경 써서 설계한 파사드에 의해 양쪽 면이 닫히게 된다. 가게에 진열된 상품들은 가로에서 큰 유리창 너머로 볼 수 있다.

아케이드는 일자형 또는 각지거나 또는 구부려진 형태일 수 있다. 그것들은 가능한 거의 모든 형태의 선형 또는 각기 다른 방향으로 분리되어 뻗어나가는 형태를 취할 수 있다. 교차로에서 보다 넓은 공간은 사람들이 머무를 수 있는 작은 광장을 만들 수 있다. 〉그림 25 참고

아케이드는 2개의 다른 건물 사이에서 만들어 질 수도 있다. (그리고 때때로 몇 개의 층으로 구성될 수도 있다) 그것들은 조밀한 블록 구조물들 사이로 형성된 공공 통행로의 형태를 취하기 한다. 이럴 경우, 대개 파사드 내부의 디자인에 대해 많은 관심을 갖게 되며, 실내 파사드는 보통 외장재의 정형적인 특징들을 반영하도록 주의 깊게 설계된다.

그림 25:
다양한 아케이드 형태

그림 26:
비토리오 임마누엘레 2세 갤러리아

4.2 도시공간의 형성

경로의 네트워크
Network of paths

아케이드는 도시에 있는 경로를 연결한다. 이것은 파리, 브뤼셀, 런던, 나폴리 및 밀라노에 있는 유명한 19세기 아케이드에서 주로 찾아볼 수 있다. 예를 들면, 유명한 비토리오 임마누엘레 2세 갤러리아는 밀라노에서 2개의 중요한 도시 공간(대성당과 La Scala 오페라극장)을 최단거리로 연결한다. ›그림 26 참고 때때로 아케이드는 적어도 보행자를 위해서는 도시에 접근하는 네트워크를 활용하여 최단거리를 만들어 낼 수 있다. 기후로부터 보행자를 보호하는 함부르크의 유리지붕으로 만들어진 아케이드는 여전히 도시의 중심으로의 차선적인 접근체계를 제공한다.

기후 완충기
Climate buffer

아케이드의 지붕으로 인한 기후 완충 효과는 내부공간에서 두드러진다. 특히 연중 혹독한 기후의 계절 중에 아케이드의 머물 장소로서의 매력은 상당히 강화된다. 요즘에는 많은 아케이드들이 겨울에 난방, 여름에는 냉방이 되지만, 이것은 명확한 공간 분리가 요구된다. 이러한 아케이드는 지붕으로 덮인 연속된 가로공간으로서 이미지는 약화되지만, 백화점 같은 내부공간의 성격을 내포하면서 도시의 공간으로부터 분리된다.

그림 27:
포르투갈 아베리오(Aveiro)의 중심에 있는 새로운 아케이드

4.3 기능, 방향 및 접근성

아케이드는 1차적으로 주요한 도심지나 또한 블록에서 내부의 소지구로의 접근을 제공하기 때문에 "경제적인" 고려사항에 의해 영향을 받는다. 아케이드의 보도는 유모차를 끄는데 불편하거나 상점유리창의 진열품이나 전시품에 대한 주의가 분산되지 않도록 하기 위하여 평평하게 되어 있다. 〉그림 27 참고

상업적인 용도
Commercial uses

소매시설과 상업적인 용도는 주가 되고 어떤 경우에는 대중음식점에 의해 보완된다. 주거는 예외적이지만, 아케이드에 아파트가 포함된다면 윤이 나는 지붕은 일반적으로 화재로부터의 보호 또는 빛의 유입과 환기를 위하여 아파트 아래 부분에서 시작한다. 따라서 건물과 아파트 입구가 내부에 있는 경우에 주거는 단지 아케이드의 공간에 영향을 미친다고 말할 수 있다.

아케이드의 상업적인 성공뿐만 아니라 또 다른 한가지 중요한 요소는, 도시 환경과의 기능적인 통합이다. 아케이드의 정면과 후면 모두 중요하다. 건축가는

그림 28:
카이로 시장(Cairo bazaar)의 분주한 모습

그림 29:
19세기 프랑크푸르트 철도역 인근의 카이저 파사지(Kaiser passage)

다양한 입구가 활력 있고 활성화 된 가로에 면하도록 해야 한다. 이렇게 하지 않으면 매력적인 정면부와 덜 매력적인 후면부 사이의 불균형을 야기할 것이다.

4.4 역사적 사례

포럼과 바자
Forums and bazaars

고대 로마에는 아케이드의 전신으로 보이는 공간 구조가 있었다. 율리움 포럼(Forum Iulium) 및 트라야누스 시장(Trajan's Market)은 둘 모두 상점과 상업 또는 업무시설들이 늘어서 있고, 그것들 사이의 가로는 사람들에게 머물고 사업을 수행하는 장소였다. 페르시아의 이스파한에도 아주 유사한 공간 구조가 있다. 이슬람 세계의 바자(bazaars)와 소우크(souks)는 현대에 이르기까지 이 조직 원리를 사용한다. 부스는 각종 상품의 전시를 위한 중앙 통로의 양쪽에서 함께 줄지어 선다. › 그림 28 참고

19세기의 아케이드
Arcades in the 19th century

아케이드는 19 세기에 파리 밀라노 및 비엔나와 같은 유럽 도시에서 유행되었다. 아케이드는 기후로부터 보호되는 산책할 만한 장소와 거리의 소음과 오염에서 벗어난 장소를 풍족한 중산계층에게 제공했다. › 그림 29 참고 아케이드는 오락과 유흥을 만들어 냄으로서 노점상의 경제적 관심사가 그들의 디자인, 조직 및 표현 기법에 집중되도록 유도했다. 그러나 아케이드는 또한 부유한 중산계층과 도시 그 자체를 위한 표상적인 기능이 있었다.

›0

상점가와 쇼핑센터
Shopping centres
and malls

상업과 전람의 장소로서 아케이드의 모형은 현대의 쇼핑센터와 대형 몰의 발전을 형성한 것으로 보일 수 있다. 그러나 현대 아케이드는 역사적인 선례들과는 달리 구조적으로 주변 도시와 통합되지 않는다. 요즘의 아케이드는 외부로부터 보통 도시 공간을 창조하기위해 필수적인 특징을 부정하는 영감을 주지 않고 특징 없는 "상자"에 불과하다. 〉 셰드(The shed) 장 참고

\\ 참고:
아케이드에서 가장 중요한 작품은 발터 벤야민(Walter Benjamin)에 의한 파사젠 베르트(Passagen - Werk)이다 (영어판 The Arcades Project). 그것은 19세기의 문학과 건축을 아케이드에 반영한 것으로 이루어져 있다. 다양한 논평은 사회적인 경기장 그리고 상업의 장소로서 아케이드의 경제적이고 기능적인 중요성과 미적인 디자인의 폭넓은 느낌을 만들어낸다. 벤야민은 또한 아케이드를 부분적인 과학적 관심에서 벗어나고 부분적인 위락에서 벗어나, 전시된 상품과 서비스를 관찰하는 장소로서 아케이드를 묘사하며, 보행의 물리적 관점을 다룬다.

\\ 참고:
도시에서의 프로젝트를 다룬 2001년에 출판된 책인 『하버드 디자인 스쿨 쇼핑안내(Harvard Design School Guide to Shopping)』에서 건축가이자 이론가인 렘 콜하스를 필두로 하는 저자들은 쇼핑가로와 쇼핑센터의 역사적인 발전에 대해 로마의 포라(fora)와 아랍의 바자(bazaars)를 현대의 쇼핑센터와 몰에 비유하면서 조사하였다.

5. 리본(The Ribbon)

리본(Ribbon)은 채광과 환기를 위해 가능한 최대로 노출하는 것과 같이 위생적인 장점을 얻기 위해 가로공간으로부터 떨어져 의도적으로 배치된 선형의 독립된 도시구성 요소들이다. 그것들은 1920년대에 전통적 도시의 블록구조와 가로에 의해 만들어진 과밀한 도시공간에 대응하기 위해 개발되었다. 그것들은 이와 같이 19세기 후반 건설된 공동주택에서 생활환경에 대한 비판으로 이해될 수 있다.

〉도시블록(The city block) 장 참고

5.1 형태와 공간구조

리본은 열지어진 형태에서 더 나아간 발전으로 보여 질 수 있다. 그러나 대조적으로, 이것은 가로에 접한 공간을 형성하기 위해 디자인 되지 않는다. 대부분 사례에서, 블록 전면부나 짧은 면이 접근 도로를 향하도록 배치된다. 이러한 거리 방향성으로부터 독립은 리본이 채광을 위한 최대 노출을 가능하게 하기 위해 배치될 수 있게 한다.

따라서 리본은 가로와 평행이 아니라 직각으로 만나며 보조보도(어떤 경우에는 쿨데삭)를 통해 접근된다. 〉그림 30 참고 리본으로의 접근은 보통 태양으로부터

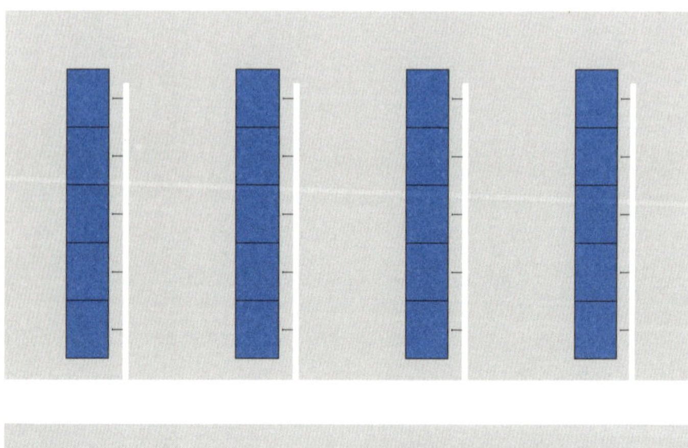

그림 30:
대상개발(ribbon development)의 부가적 형태

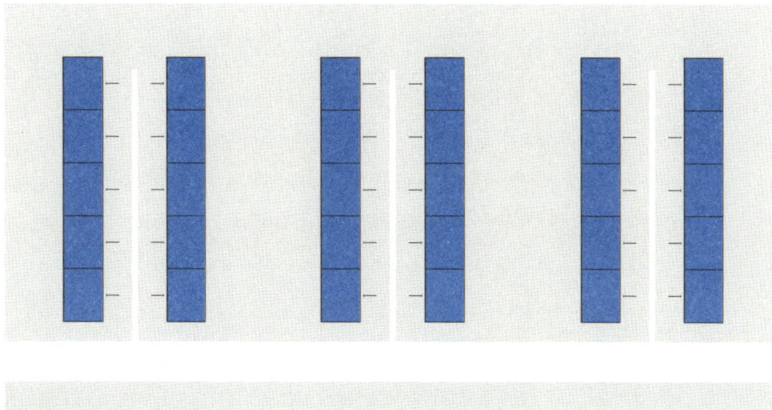

그림 31:
짝지어진 리본

영향을 더 적게 받는 즉, 동쪽이나 북쪽에서 이뤄진다(남반구에서는 남쪽). 이것은 햇살이 더욱 잘 드는 남쪽과 서쪽에서의 진입을 어렵게 한다. 이 면은 보통 발코니, 로지아, 옥상 정원, 정원, 작은 정원 등 사적인 오픈스페이스를 위하여 사용 된다.

부가적 리본
Additive ribbons

대상개발(ribbon development) : 띠처럼 지은 건물들

대상(帶狀)**개발**(ribbon developments)에서 이러한 패턴의 부가적 반복은 각각 리본의 앞쪽과 인접한 건물의 뒤쪽 면이 만나는 거대한 도시 구조를 만들어낸다. 인접한 건물의 후면 공간(사적인 공간)과 건물의 전면 공간(공적인 공간)이 직접적으로 병치되는 것은 공간적 명료함이 약화되는 결과를 가져올 수 있다. 물론 이런 충돌은 구조적인 높이와 창고나 자전거 보관소 같은 별채들에 다양성을 주거나 다른 조경 요소를 사용하는 범위를 제한하는 것으로 완화될 수 있다.

짝지어진 리본
Coupled ribbons

또 다른 가능성은 리본의 부가적인 배열이나 그것들의 접근 통로 보다 오히려 똑같은 리본으로 구성된다. 이러한 결과는 교차적인 패턴 속에서 인접한 전면 공간이나 후면 공간을 포함하는 리본 사이의 오픈스페이스로 이루어진 일련의 짝지어진 리본이다. 〉그림 31 참고 이러한 배열은 아파트 그리고 특히 아파트들과 인접한 오픈스페이스들이 태양으로 다른 방향성을 가지고 있다는 것이지만 이것은 외부 공간을 사회적 성격의 공간으로 바꿔줄 수 있는 장점을 가지고 있다.

리본은 단독주택이 일렬로 늘어서 있는 것(2-3층의 테라스 달린 집의 형태)으로 구성되거나 다가구 주택들이 집합(3-6층 사이의 연립된 아파트 형태)된 것으로 구성될 수 있다. 8층 이상의 층수를 갖는 큰 규모의 주거단지를 위해 사용되는 슬래브 구조는 종종 리본의 특별한 형태로 언급된다.

대부분의 리본 구조들은 선형이지만, 곡선 도 될 수 있으며 각지거나 다른 부분에서 파생된 많은 부분들로 구성될 수도 있다. 다양한 길이나 높이 등의 변화들은 도시공간의 모습을 만들기 위한 기본적인 수단을 제공할 수 있다.

표준화
Standardization

리본은 전형적인 대량생산의 시대의 산물로 이해될 수 있다. 그것의 선형성과 개별 유닛의 반복은 산업적인 조립식 요소들의 사용에 매우 적합하도록 한다. 그러나 이러한 것들(매우 경제적인 건축 공정을 만드는 것)을 허용하는 표준화를 위한 수용력은 끊임없이 반복되는 상황에서 단조로운 형태와 도시 디자인의 위험성을 의미할 수 있다. 일례로 1950년대 이후에 특히 동유럽에서 쉽게 찾아 볼 수 있는 많은 대형 주거지에 지어진 조립식 고층 아파트 블록을 들 수 있다.

5.2 도시공간의 형성

빛과 태양을 향해있는 리본의 방향은 주변의 도시공간과 접근 도로의 지역적 네트워크로부터 거의 완전한 독립성을 갖게 한다. 리본의 이런 관점은 전통적인 도시 형태와 공간의 개념을 무력화시킨다. 이러한 독립성은 전통적인 감각에 따른 공간 형성에 역할을 한다는 주장을 할 수 없게 하는 반도시적 요소가 되는 결과를 가져왔다. 이것은 특히 도시 경계의 구조적 요소로서 만들어진 대상개발들이 도시 내의 불모지나 건물사이의 틈에 지어질 때 문제가 된다.

흐르는 공간
Flowing space

리본과 리본 사이의 지역이 닫혀 있지 않은 경우에는 공적영역과 사적영역을 명확하게 정의할 수 없는 흐르는 주변 공간들을 만들어 낸다. 통상적으로 잔디나 다른 식물에 의해 덮여져 있는 이러한 단일한 공간은 이론적으로 특히 리본구조가 아파트 블록으로 구성된 경우에 공적영역으로서 기능해야 한다. 그러나 이러한 공적영역은 현실에서는 거의 사용되지 않는다. 대신 그것들은 그 누구도 책임감을 느끼지 않고 버려진 익명의 공간으로 남게 된다. › 그림 32 참고 뿐만 아니라, 이러한 오픈스페이스들은 가로공간으로 정의가 부족하기 때문에, 특히 대형 아파트 블록의 경우에 거주자에게 불안한 느낌을 줄 수 있는 사회적 통제가 제대로 이루어지지 않는 공간이 된다.

그림 32:
근대 주거지의 리본 구조 사이의 버려진 공간들

그림 33:
가로로부터 리본사이 공간이 닫힌 상업용도로 사용될 수 있는 저층의 횡방향 건물들

5.3 기능, 방향 및 접근성

주거용도
Residential use

도시 건물 블록으로서, 리본은 1933년 아테네헌장에서 보이는 것처럼 주거, 업무, 교통, 위락기능을 엄격하게 분리한 기능주의적 도시디자인의 개념에 부합한다. › 거리(The row) 장 참고 이러한 이유 때문에 리본은 업무와 상업용도를 예외로 하고 일반적으로 주거용 건물을 위해 사용된다. 접근도로로부터 벗어나고 따라서 통과교통으로부터 건물이 직접적으로 보이기가 힘들기 때문에, 리본은 공공용도를 위해 쉽게 사용되지 않는다.

이것은 또한 작은 상점과 일상 서비스 업자들이 때때로 접근도로변이나 리본들 사이의 매개 건물들에 직접적으로 리본의 짧은 전면부에 위치하기 때문이다. › 그림 33 참고 이러한 구조들은 이중의 도시계획 기능을 가지고 있다. 그것들은 공공의 가로 공간의 지속성을 회복시키고 도로로부터 공간과 소음으로부터 리본 사이의 영역을 보호한다. 결과적으로 양 측면의 도시 공간은 좀 더 명확하게 정의된다. - 도시공간을 형성하는 것으로부터 첫 번째 후퇴. 혼합된 형태는 리본을 블록과 형성하고 조용한 준공공공간을 포함하도록 만들어 진다.

방향
Orirntation

열과 블록들에서처럼 대상개발 안에 있는 아파트들은 그것들의 동서방향과 남북방향으로 구별되어 질 수 있다. 동서방향은 거실 양쪽에서 햇빛을 받을 수 있다는 장점이 있으며, 대조적으로 남북 방향은 한쪽에서만 자연채광을 받을 수 있다. 이러한 이유로, 방향성은 건물의 깊이나 어떻게 평면을 계획할 것인가를 고려

할 때 굉장히 중요한 요소이다. 〉 거리(The row), 도시블록(The city block) 장 참고

주거전용의 통행로들 Residential pathways

리본이 가로 네트워크와 블록의 단면으로만 연결되기 때문에, 건물의 입구는 보통 한 방향의 보도를 통해서 접근된다. 그러나 일부의 사례에서 다른 도보형식이나 쿨데삭을 통해 한 면으로 접근할 수 있는 도로와 도보의 다른 방식도 볼 수 있다. 이것은 아파트 내에서 주출입구와 개별 방들의 위치와 공지의 방향의 관점에서 대상개발(ribbon development)의 내부 조직에 대해 영향을 미친다. 이런 패턴의 장점은 동력과 비동력 교통을 분리할 수 있다는 것이다. 리본에 이르는 보행공간은 종종 노는 아이들 사이에서 대화가 가능하게 하고 레크리에이션을 증진하는 외부 출입문 같은 준공적 성격을 갖는다.

외부 영역 Outside areas

아주 오래 동안 지면에서 약간 높은 경향이 있는 아파트에 거주하는 저층부 거주자들은 그들의 아파트 전면 외부공간을 직접적으로 이용할 수 없었다. 아파트 전면부의 정원을 전용하는 것은 '모두의 동일한 권리' 라는 원칙에 반하는 것으로 여겨졌다. 최근에야 거주자들이 이러한 관점에서 같은 이익을 공유하는 것이 필수적인 것이 아니라는 것이 인정되기 시작했다. 누군가는 작은 정원을 원하며 다른 누군가는 발코니나 옥상정원을 선호할 것이다. 게다가 1층 거주자에게 작은 정원이나 테라스 영역을 가질 수 있게 하는 것은 해당 정원에 대한 책임감을 고취시키고, 외부공간의 미적인 질에 대한 개선과 더 나은 사회적 감시를 제공한다. 이것은 전체 주거지 커뮤니티의 일반적인 안전에 이익을 준다.

5.4 역사적 사례

리본은 비교적 새로운 도시 건물 블록이다. 1768년부터 1772년까지 제임스 애덤(James Adam)과 로버트 애덤(Robert Adam) 형제에 의해 지어진 런던의 아델피(Adelphi) 개발, 19세기 말 북부 이탈리아에서 지어진 외부 복도를 가진 블록들 등 몇 개의 역사적인 사례들을 제외하고 대상개발은 근본적으로 1920년대의 *Neues Bauen(신건축)* 운동에 의해 창조되었다.

1920년대 주거지 Residential estates in the 1920s

가장 중요한 예는 1927년부터 1928년 까지 독일 카를스루에에서 개최된 전시 프로젝트인 다머스톡(Dammerstock) 주거단지가 있다. 〉 그림 34 참고 배치도의 최종안은 당시 바우하우스의 책임자인 발터 그로피우스(Walter Gropius)와 오토 하제(Otto Haesler)에 의해 디자인 되었다. 그 계획은 완전히 새로운 형태의 도시구조를 위해

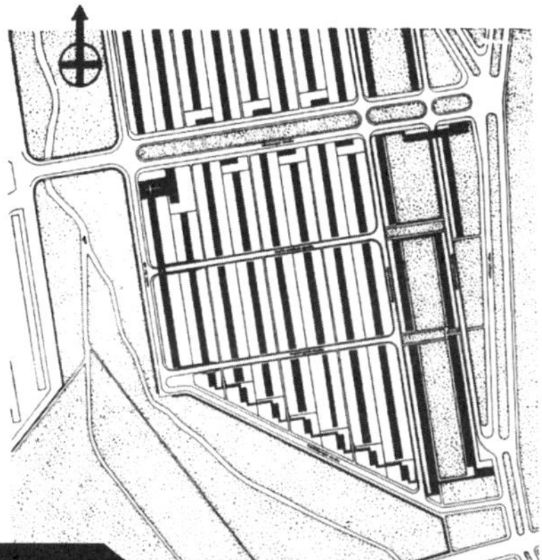

그림 34:
남북방향 축에 엄격하게 배치된 리본구조인 다머스톡 (Dammerstock) 주거지 배치도

도발적으로 의도된 선언이었다. 이것은 모든 아파트들을 위해 동서방향을 가진 엄격한 남북 띠와 개별 리본 사이에 동일한 간격, 그리고 모든 전통적 개념의 포기가 제안되었다. 아마 처음부터 이 정도 논쟁을 야기한 도시계획 프로젝트는 없을 것이다. 어떤 사람들은 모두에게 최상의 생활환경(빛, 공기, 채광)을 제공하는 근대의 구체화, 진보적 도시개발로서 이 주거지를 보는 반면, 또 다른 사람들은 이 추상적 주거 배치계획, 획일적 건축, 그리고 공간적 정보의 부족 등의 원칙에 고집스럽게 집착하고 있다고 비난하였다. 〉그림 35 참고

\\ 참고:
외부 복도에서 접근하는 단지들은 연속된 주거 가구들을 포함하는 가늘고 긴 대상개발이다. 그것들은 외부의 보도에 의한 1개 층 이상의 레벨을 통하여 다양한 높이에서 접근된다.

\\ 참고:
모던건축의 대표자들은 약간의 주거지와 모두를 위한 생활환경이 개설된 평등한 사회의 삶을 위한 사회적 영향과 도시를 청결하게 만드는 목표의 진행을 위하여 주로 띠에 초점을 맞췄다. 그들은 또한 이러한 빌딩 환경의 대량생산을 위해 개설된 도시 요소들의 경제적 이점을 강조했다. 대상개발 이론은 CIAM 의회에 의해 처음으로 1930년 브뤼셀에서 개최된 'Rational Site Planning'의 내용에서 조직적이고 종합적으로 논의 되고 기록되었다.

그림 35:
칼스루에에 있는 다머스톡(Dammerstock) 주거지에서 엄격히 조직된 대상개발 (ribbon development)

다머스톡(Dammerstock) 주거단지에 의하여 구체화된 모델은 1920년대에 잘 알려진 *Neues Bauen(신건축)*과 헬러호프(Hellerhof) 주거단지, 프랑크푸르트의 웨스트하우젠(Westhausen) 주거단지, 베를린의 시멘스타트(Siemensstadt)와 하셀호스트(Haselhost), 카셀의 로텐부르크(Rothenburg) 주거단지에 영향을 주었다. 1950년대와 1960년대의 이러한 도시계획 개념은 유럽과 세계 다른 지역에서 저소득층을 위한 주거 건물의 일반화된 형태의 청사진으로 계속되었다.

근대화 프로그램
Modernization programmes

1970년대, 도시 요소로서의 대상개발은 일반적인 기능주의 건축을 향한 포스트모던 비평의 대상이 되었다. 이것은 주로 이러한 주거지들이 베드타운이 되고 미적으로 단조롭다는 기능적 부적절함과 함께, 경제적으로 취약한 계층에 의해 야기된 사회적 문제 때문에 나쁜 평판을 받게 되었다. 그러나 1990년대 이후 근대화 프로그램들과 디자인 개선(넓은 발코니 공간의 추가, 너무 높은 건물의 철거, 주변 환경의 재정비 등)이 많은 대상개발 주거지역에서 주거환경을 개선하는데 성공하고 있다.

6. 솔리테어(The Solitare)

도시계획 용어로, 솔리테어는 혼자서 서 있거나 그것의 도시 주위에서 명확하게 구별 가능한 건물을 의미한다. 농가, 성곽 및 수도원과 같은 독립 구조로 서 있는 건물은 기억을 초월한 시간부터 문화적인 경관의 일부분이다. 그러나 더 조밀하게 지어진 도시의 맥락에서, 솔리테어는 처음에 열과 구획에 의해 구성된 도시 요소의 규칙적인 네트워크로부터 돌출되어 있다는 사실에 의해 정의되는 경향이 있었다. 그것들은 보통 공공건물 (사원, 교회, 마을사무소) 또는 통치 계급의 건물(성곽, 요새)이었다. 그것들은 부자들을 위한 주거 (별장, 궁전)나 성장하고 있는 도시 기반시설 (학교, 극장, 극장, 박물관, 병원, 의회 건물, 대학 등등)을 담기 위해 나중에 지어졌다. 오늘날, 대도시들에서 볼 수 있는 솔리테어는 증가하는 토지의 양을 고갈시키는 독립된 단독주택 뿐만 아니라 주거와 업무용 타워를 포함한다.

6.1 형태와 공간구조

솔리테어는 크기, 중요성, 기하학, 건축 설계 및 재료의 관점에서 주위 건물에서 확실히 구별된다. 솔리테어가 주변 구조와 공간적으로 분리되지 않는 경우에, 형태 및 장식의 측면에서 그것들의 특수성이 스스로 정의된 구조적 단위체로서 명확하게 인지될 수 있게 한다. 〉그림 36 참고

형식적인 자율성
Formal autonomy

솔리테어가 어떤 다른 건물도 연결되지 않는 곳에, 그것의 디자인은 형태와 비율의 측면에서 도시계획 맥락으로부터 상대적으로 독립적일 수 있다. 이것은 솔리테어가 슬래브, 타워, 큐브, 실린더, 피라미드 등과 이들의 다양한 조합의 형태를 가질 수 있다는 결과로서, 건축가는 다른 도시의 블록들을 디자인 할 때 보다 훨씬 더 창조적인 자유를 가져야 한다는 것을 의미한다. 그럼에도 불구하고, 더 큰 도시의 앙상블로 통합될 필요가 있거나 도시 실루엣 혹은 경관을 위한 특정한 관련성이 있다면, 솔리테어의 크기, 형태 및 건물전면은 특정한 설계 원리에 일치해야 한다.

6.2 도시공간의 형성

솔리테어를 위한 설계 개념은 주위 건물과의 어떤 직접적인 연결을 추구하지 않는다. 많은 경우에, 목표는 그 도시의 구조에서 명백하게 분리되며 도시 경관과 특정한 공간적 효과에 특별한 초점을 만들어 내는 구조를 창조하는 것이다.

그림 36:
솔리테어의 다양한 형태

그림 37:
고대 로마가 지배했던 튀니지아에 있는 도시 두가(Dougga)에 있는 사원 산

드러난 위치
Exposed location

어떤 경우에, 솔리테어는 계획적으로 도시 구조로 부터 단절되고 두드러지는 곳에 위치시킨다. 이러한 예는 사원과 고대 신전에서 볼 수 있다. 그런 건물들은 도시 공간을 특정하게 형성하지 않는다. 오히려, 그것들이 강조하고 세심히 조직하는 전반적인 도시 맥락의 생생하고 조각적인 최고점을 형성한다. 지형적으로 두드러지는 지역에 구조물을 배치하는 것은 아테네에 있는 아크로폴리스와 많은 다른 교회 또는 종교적 건물들에 의해 설명되는 것과 같이 이러한 효과를 강화한다. 〉그림 37 참고 바로크와 전제주의 시대, 그리고 후에 19 세기 도시에서, 도시 계획가는 중요한 주요도로 및 시각적인 축의 끝 또는 교차점에 건축하여 솔리테어를 특별히 강조했다. 〉그림 38 참고

통합적 위치
Integroted location

그러나 조밀하게 건축된 도시에서 공간의 결여는 종종 솔리테어가 완전하게 독립되어 있지 않는다는 것을 의미한다. 그것들은 도시 광장, 건축 제한선 또는 건물과 입체 공간적으로 통합된다. 〉그림 39 참고 이것은 도시 배치 내에서 그것들의 규모, 전면 디자인 및 특정한 위치 때문에 주변과 명백하게 구별되는 반면,

그림 38:
파리에 있는 마들렌은 거리의 교차점과 시각 축에 위치한다.

그림 39:
베니스의 평면도의 한 부분으로 산티 조반니에 파올로 교회

대성당, 시청, 수도원과 축사조차 도시 구조로 통합되는 조밀하고 콤팩트한 중세 도시에서 특히 분명하게 보인다.

공간 효과
Spatial effect

근대 도시에서, 솔리테어는 그 방향이 최선의 채광과 환기를 얻기 위한 완전히 독립된 건물들로서 건축되었다. 〉리본(The ribbon) 장 참고 이것 역시 *Neues Bauen(신건축)* 운동의 목적에 따라, 전통적 방식에서 닫혀 있기 보다는 오히려 열려있고 흐르기 위해 필요한 도시공간의 변화된 개념의 결과였다. 무엇보다 자유롭게 배치된 개개 건물들 사이에서 상호작용하는 것에 의해 특징지어지는 도시공간의 이러한 유형에서, 솔리테어에는 뚜렷한 공간적-조각적 효과를 가질 수 있다. 〉그림 40 참고

6.3 기능, 방향 및 접근성

기능적 특수화
Functional specialization

이론상으로 솔리테어는 도시의 블록으로서 기능의 범위를 취할 수 있다. 큰 건물의 경우에 복합용도가 가능하더라도 (예: 고층주거건물의 1층을 상업적 용도로 사용), 솔리테어는 보통 특정한 공공 기능들 (시청사, 커뮤니티 센터, 학교, 대학, 박물관 등등)과 디자인이 특정한 건축적 정체성을 통해 수용하고자 하는 사적 용도(주거단지, 정부기관, 기업 본사, 호텔)를 포함하는 고도의 기능적 특수화에 의해 특징지어진다.

그림 40:
마르세이유에 있는 르 꼬르뷔제(Le Corbusier)의 유니테 다비타시옹: "수직 도시"의 프로토타입으로 솔리테어 제공

방향
Orientation

방향과 자연 채광은 일반적으로 솔리테어의 문제가 아니다. 건물 내부에 어두운 부분을 만들 수 있는 유별나게 깊거나 넓은 건물이 아니라면 솔리테어는 모든 방향에서 채광되고 환기될 수 있다. 그림자에 대한 문제는 고층 블록이 서로 너무 가깝게 건축되면 발생할 수 있다. 이러한 사례는 뉴욕과 베이징, 상해, 홍콩 및 서울 등 동아시아 또는 동남아시아의 대형도시의 일부 도시 내 지역에서 볼 수 있다.

주차장
Car parks

건물 측면 또는 후면, 전면부에서 보이는 공지는 일반적으로 지상에 주차장을 설치가능하게 한다. 그러나 이것은 주변 공간(휴양, 사회적인 상호 작용)을 위

\\ 참고:
르 꼬르뷔제(Le Corbusier)의 "살기 위한 기계" - 1,300명의 거주자를 위해 1945년과 1952년 사이 마르세이유에서 건설된 유니떼 다비따시옹(Unite d'habitation)은 다양한 소득 계층을 위해 주변 녹지에서 생활공간을 제공하는 수직도시를 창조하고자 하는 시도의 예이다. 1935년에 간행된 그의 저작 빛나는 도시(La Ville Radieuse)에서, 르 꼬르뷔제는 지상위의 탑 위에 뜨는 것처럼 보이고, 생활공간의 완전한 요소에 관한 특성을 만드는 고층건물에 대해 기술한다. 이 솔리테어 주거 건물은 그 도시 주변과 완전하게 독립된 것으로서 관찰되었었다. 결과적으로, 그것들의 내부 구조는 복잡하며, 아파트뿐만 아니라 쇼핑거리, 공동 공간, 호텔, 유치원, 지붕 테라스 및 체육 시설을 포함한다.

해 다른 제안된 용도들과 상충될 수도 있다. 이런 이유로, 특정한 시간에 많은 주차공간이 요구되는 특히 고밀 주거 또는 공공건물에서는 지하주차장이 선호된다.

6.4 역사적 사례

문헌은 이미 고대와 중세 도시에 있는 종교나 세속적인 권위와 관련되었던 솔리테어에 관한 것 뿐 아니라 기본적으로 농촌과 마을 맥락에서 정착 구조의 기본적인 블록으로서 개별적이고, 독립적으로 서있는 주택에 관해 만들어져 왔다.

궁전과 별장
Palaces and villas

15세기 이후부터, 중요한 도시 거주자들의 궁전은 도시 경관 내에서 솔리테어로서 중요성이 증가되었다. 엄청난 자본이 피렌체에 있는 피치가문의 저택(Palazzo Pitti) 및 스트로치가문의 저택(Palazzo Strozzi)과 아우크스부르크에 있는 푸거하우스(Fuggerhaus)에서 볼 수 있는 것처럼 유력한 집안의 영향력을 충분히 대표하는 구조물에 쓰였다. 그러나 전제주의 시대에서, 이러한 귀족의 건물에 담겨 있던 중요성은 귀족의 궁전과 왕족의 자리로 이동했다. 그것들의 완전한 규모는 상대적으로 작은 구조적 요소와 고딕의 특성으로부터 구별되게 했다. 16세기에, Andrea Palladio는 비례, 형식적 표현 및 매력으로 세계적으로 유명하게 된 이탈리아의 Veneto 지역에 있는 주택 건축의 형태를 만들어 냈다. 그것은 오늘날 패러다임으로서 지속되고 있다. › 그림 41 참고

도시 구축환경
Urban infrastruction

19세기의 확장된 산업도시는 상업, 문화, 사회, 정치 및 교통 인프라를 고려하면서 새로운 기능적인 일련의 요구조건들을 만들어 냈다. 유명한 솔리테어 - 시장, 백화점, 극장, 오페라하우스, 박물관, 교육기관, 병원, 의회건물, 철도역 및 다른 많은 유형의 공공건물- 는 이제 높은 수준의 도시계획적 중요성을 인식하였고 도시공간에서 지배적인 요소가 되었다.

\\ 참고:
팔라디오는 그의 유명한 표준건축이론서인 『건축십서(Four Books on Architecture)』(1570)에서 자신의 주택건물들을 전원건축의 사례들로 묘사하지만 그것들을 도시와 반대되는 위치에 두지는 않는다.

그림 41:
안드레아 팔라디오(Andrea Palladio)의 빌라 로툰다(Villa Rotonda), 비첸차

단독 주택
Single - family house

20 세기 도시에서 개인적인 교통수단으로서 자동차는 도시개발에 있어 질적 양적 성장에 기여했다. 이동성의 새로운 수준인 자동차는 특히 산업화된 세계의 번영하는 국가에서 도시들의 교외지역에 독립된 단독주택의 형태로 솔리테어의 대규모 건설을 이끌었다. 대신 이러한 점은 오픈스페이스의 급격한 고갈과 교외지역의 경관의 파괴를 가져왔다. 〉그림 42 참고 게다가, 이러한 개발은 도로와 하수도 시스템과 같은 기반시설을 위한 대규모 비용을 불러 일으켰고 인구의 상당 부분이 사회적, 문화적 및 상업적 시설을 이용하기 위해 먼 길을 여행해야 한다는 것을 의미하기도 했다.

주거 아파트 블록
Residential apartment blocks

대조적으로, 고층 건축의 분야에서, 솔리테어는 더욱 큰 밀도를 가능하게 한다. 그렇다 하더라도 최소한 아파트 단지의 경우, 구조적 밀도는 건물 사이에 남겨져야 하는 공간 때문에 4개에서 6개 수준의 열과 블록에서 볼 수 있는 밀도보다 크지는 않다. 게다가, 많은 주거 솔리테어는 도시계획 맥락이 결여되는 경향이 있는데, 이는 방향과 안전과 같은 사람들의 필요에 부합하는 도시공간을 창조하지 않는 다는 것을 의미한다. 〉그림 43 참고 그러므로 고층 주거 건물을 디자인할 때 적합한 위치를 선정하는 것뿐만 아니라 예정한 목표군을 정확하게 정의하는 것도 필요하다. 이런 주거 형태는 아이들, 노인 및 사회적 약자 계층에게는 적합하지 않은 반면, 젊은 전문직 종사자, 부부, 독신 등 인구 구성의 많은 계층에게는 매력

그림 42:
교외에 확장된 독립 구조로 서있는 단독주택

그림 43:
독립 구조로 서있는 고층 복합물에 있는 수직 밀도

적이고 전용적인 주거 대안을 제공할 수 있다.

도시 저택
City villas

최근 수십 년간 건설된 도시 저택은 4층에서 6개 층 사이의 단독 주거 건물이다. 도시계획 용어에서, 그것들은 단독주택과 고층 주거 건물 사이의 중간 형태이다.

스카이라인
Skyscrapers

마천루는 솔리테어의 특별한 형태이다. 금융타워들과 기업본사 등은 강력한 기업 이미지를 표출하는 화려한 건물로 의도적으로 디자인된다. 그러나 그것들이 멀리 있을 때와 가까이 있을 때의 효과는 확실히 다르다. 멀리서 볼 때는, 하늘에 닿을 듯 매혹적인 침상구조물일 수 있다. 그것들은 프랑크푸르트의 스카이라인 〉그림 44 참고 – 또는 더 강렬한 예로써 뉴욕 – 에서 보이는 것처럼, 도시의 실루엣에 결정적인 영향을 주는 건물군을 형성할 수도 있다. 〉그룹(The group) 장 참고 그러나, 보행자 또는 운전자의 관점에서는 동일한 건물이 거리 공간을 정의하는 오브제로써 덜 중요하게 솔리테어가 경험된다. 이런 이유로 건물전면부의 디자인과 저층부의 내부와 외부사이의 관계는 매우 중요하다. 가능하다면, 이러한 저층부는 단일기능의 업무지역이 될 수 있는 가로에 활력을 불어넣을 수 있기 위해 공공적 접근을 유도할 수 있는 기능이 있어야 한다.

〉

그림 44:
프랑크푸르트 스카이라인

"지역초월의" 솔리테어 "Translocational" solitaires

최근에, 현대 사회의 포괄적인 합병과 세계화는 "지역초월의" 솔리테어로 묘사될 수 있는 건물 유형을 만들어 냈다. 한 예로 많은 사람들로 하여금 자신이 방문하지 않더라도 친밀하게 느끼는 프랑크 게리(Frank Gehry)의 빌바오 구겐하임(Guggenheim) 미술관이 있다. 〉그림 45 참고 이 미술관은 일반적 의식 속에 뿌리박혀있어 물리적인 존재 없이 영향력을 발휘하는 실질적인 건축의 한 유형이 되었다. 유사한 효과는 피사의 사탑, 로마 콜로세움 및 에펠 탑과 같은 이전 구조물에 의해서도

\\ 참고:

1960 년대 sow는 도시설계를 위해 두드러지는 솔리테어의 관련성에 대한 토론을 재개했다. 케빈 린치(Kevin lynch)는 그의 저서 도시의 이미지(The Image of the City)에서 도시공간과 구조들에서 우리들의 지각과 방향을 위해 표식으로 알아볼 수 있는, 기억에 남을 만한 건물의 큰 중요성을 지적했다. 이런 맥락에서, 그는 우리가 우리의 마음의 눈을 끌어 당기는 친밀한 건물 및 도시 공간에 대한 마음의 지도를 말한다. 이 지도는 스케일 있는 진짜 지도가 아니라 도시공간에 대한 우리 개개의 경험의 기록물이다.

그림 45:
프랑크 게리(Frank Gehry)의 빌바오 구겐하임(Guggenheim) 미술관

분명히 찾아볼 수 있다. 그러나 이러한 건물의 중요성은 최근 대중매체(텔레비전, 광고 등)에 의해 더욱 커지게 되었다. 이러한 건축물들은 모두 규모면에서 주목할 만 한 반면, 공통된 특정한 표현을 가지고 있다. 첫 번째 예로 돌아가 빌바오 구겐하임 미술관 건설은 빌바오시를 방문하는 관광객의 수를 크게 증가시켰다.

7. 그룹(The Group)

그룹은 외부적인 도시 조직 보다 내부적 구성 논리에 더욱 바탕을 둔 특성을 가진 건물들의 배열이다. 높은 밀도와 조직적으로 복잡한 그룹들은 또한 클러스터로 일컬어진다.

7.1 형태와 공간구조

그룹 내에서, 각각의 요소들은 다른 요소들과 조화를 이루고 다른 요소들과의 관계에 의해서만 이해될 수 있다. 〉그림 46 참고 일반적으로, 그룹들은 독립적인 부분들을 기반으로 구축되어진 구성적 원칙에 기초하고 있다. 이것들은 거리(row)에서처럼 〉거리(The row) 장 참고 부가적으로 결합되지 않으며, 따라서 임의적으로 확장되지 않는다.

다양한 공간 구성
Manifold spatial configurations

그룹의 유형적 구성은 단지 몇 종류로서 제한적이하 이더라도 매우 균일할 수 있다. 그러나 그룹은 또한 건물 유형의 매우 다양한 범위를 결합할 수 있다. 그것은 이 책에서 논의되어지는 형태와 공간적 긴장감을 만드는 것으로 배열되는 서로 다른 도시 건물 블록들(솔리테어, 리본, 거리, 중정, 블록 일부)을 포함한다. 이러한 공간적 구성에서는, 친밀감, 거리, 통합과 공간(채워지거나 비워져있는)과 같은 개념이 중요한 역할을 한다. 그룹들은 개방적이고 닫혀있는 건물의 형태를 포함할 수 있고, 그룹들은 종종 공통적인 중심부, 오픈스페이스, 광장, 녹지나

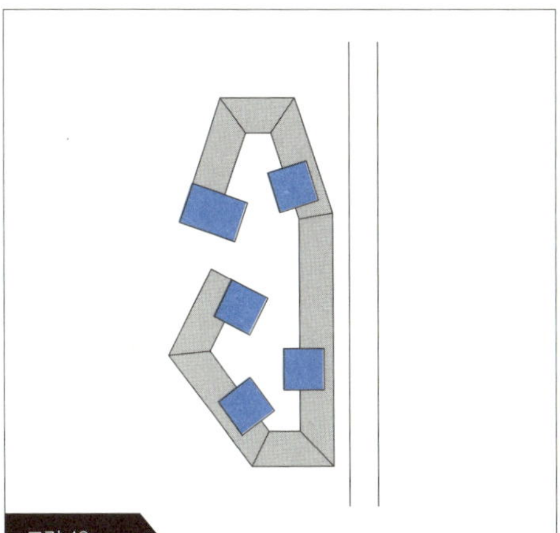

그림 46:
그룹(group)을 표현한 다이어그램

이와 같은 요소들의 공간적 시퀀스 등을 구성한다. 이런 공간들은 그룹의 정체성을 위한 특별한 의미를 갖는다.

7.2 도시공간의 형성

도시맥락으로부터 분리
Dissociation from the urban context

그룹의 공유된 정체성과 명확성은 대략적으로 주위의 도시맥락으로 부터 뚜렷한 분리로 귀결된다. 또한, 그룹의 크기와 규모에 좌우되는 다른 단계의 독특함을 취하는 공간적 시퀀스와 내적 도시 공간들을 형성한다.

한편, 그룹의 개별성과 인지성은 거주자들에게 그들의 주거와 생활환경을 그들과 동일시하도록 할 수 있다. 다른 한편으로, 도시의 사회적 공간의 결집을 약화시키는 것들 - 다른 인구 계층들, 요구사항, 금융적 가능성 등 - 은 그룹들을 "섬"으로 분리시킬 수 있는 위험이 있다. 이런 위험들과 그로 인한 결말은 오늘날 세계의 대도시에서 증가하고 있는 폐쇄적 커뮤니티(gated communities)의 증가로 설명될 수 있다.

7.3 기능, 방향 및 접근성

대부분의 경우, 그룹은 주거 건물 프로젝트로 구성되지만, 다른 기능도 포함할 수 있다. 예를 들면 대학(자체 구성 된 캠퍼스를 포함하는 "도시 안의 도시"), 병원 그리고 공원 등이 있다. 복합용도는 가능하지만 그룹은 종종 주변 도시환경과 적당한 통합을 허용하지 않기 때문에 예외적인 경향이 있다. 이런 이유 때문에, 복합용도가 지속되기 위해서는 그룹은 특정한 크기가 필요하다.

\\ 참고:
폐쇄적 커뮤니티(Gated communities) 는 일반적인 접근이 제한되고 보호되는 주거 지역이다. 접근은 길거리 범죄 및 도난 사고 등 도시 환경의 위험으로부터 주민을 보호하기 위해 엄격히 통제된다. 물론, 이러한 독점적인 주거 지역은 사회적 격리를 만들어내지만, 그러나 이것은 거주자들의 요구이다. 폐쇄적 커뮤니티의 개념은 환경으로부터 거주자들을 보호하기 위한 사회적, 경제적 그룹을 언급하기 위해 비유적 의미에서 사용될 수도 있다.

그룹의 장점 중의 하나는 - 특히 더욱 복잡한 클러스터의 경우 - 구조적 밀도에 있다. 그러나 이것은 방위와 채광문제, 그리고 주거 유닛들이 너무 가까이 있는 경우 거주자들의 프라이버시에 문제를 야기할 수 있다.

그룹의 정체성을 위한 내부 공간과 중간영역의 중요성으로 인해, 이러한 지역에서 자동차의 사용은 일반적으로 허용되지 않거나 제한된 범위에서만 가능하다. 이것은 보행이나 자전거 통행만으로 한정된 그룹의 중심부에 매력적인 레크리에이션과 공공적인 공간을 만들어 낸다. 주차공간은 단지 가장자리의 저층부나 복층 주차장 또는 공공공간 하부에 지하 주차장으로 위치시킬 수 있다.

역사적 사례

도시계획의 관점에서 보면 기원전 이천 오백년 전의 크레타 섬에서 지어진 미노아 궁과, 특히 크노소스 궁, 두 그룹으로 기술될 수 있다. 〉그림 47 참고 그곳의 복잡한 공간적 시퀀스와 고밀도는 아리아드네의 실(Thread)의 신화의 기원을 궁극적으로 제공하는 미로 조직과 내부 방위를 가진 구조와 같은 클러스터를 만든다. 아랍-이슬람 세계 도시의 연동되는 주거 지구 또한 그룹이나 고밀도 클러스터로 설명될 수 있다.

그러나 이 그룹은 주로 도시개발의 최근 역사의 산물이며, 사회적이고 공공적인 고려사항들은 그 발전에 있어 중요한 역할을 수행해 왔다. 그래서 우리는 19세기 말에 건설된 노동자 주거지와 전원도시론의 디자인에서 그룹들을 찾는다. 오늘날, 이러한 프로젝트들은 비용을 절감하고 공간을 경제적으로 활용하기 위한 실용적 수단으로써 자주 나타나고 있으며, 종종 친환경적, 지역사회에 기반한 건물접근성과 연관되어있다. 그룹과 클러스터는 주로 건설업계와 건물조합 등에 의해 공동 건물 프로젝트로 시행된다. 이러한 맥락에서, 그룹의 건설은 비용 절감을 위한 방법뿐 아니라, 지역사회의 구조적, 도시적 표현을 부여하기 위한 방법이기도 하다. 물론, 개인 투자자가 투자한 프로젝트와 분양아파트 혹은 단독주택으로 매각되는 프로젝트들도 있다.

특히 수준 높은 건축적 특징을 가지고 있는 그룹과 클러스터의 예는 스위스의 건축설계 사무실인 Atelier 5에서 찾아볼 수 있다. 몇 년 동안 Atelier 5는 뚜렷한 특성이 반영된 독립된 주거 단위로써 주거 프로젝트를 개발해오고 있다. 중

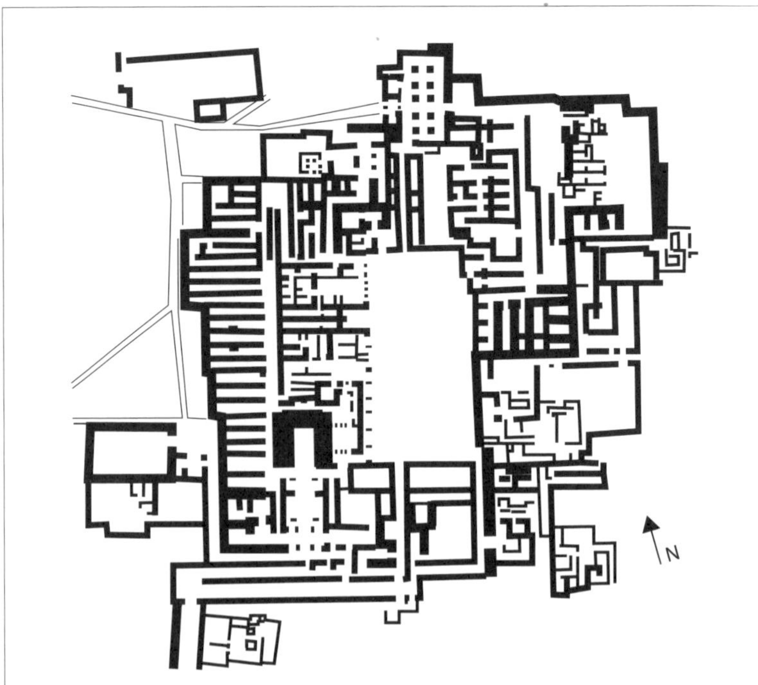

그림 47:
크레타섬의 크노소스 궁의 배치

그림 48:
Atelier 5가 디자인한 헨렌 바이 번(Halen bei Bern) 주거지(1955-1961) 배치

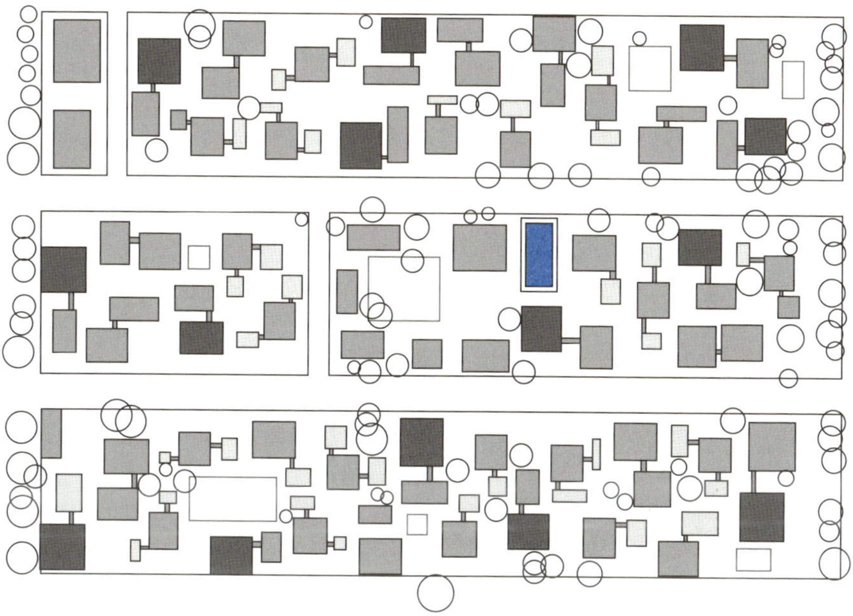

그림 49:
카즈나리 사카모토(Kazunari Sakamoto)가 디자인 한 뮌헨의 새로운 베르크분트(Werkbund) 주거지의 배치

요한 예로써 1955년과 1961년 사이에 지어진 헬렌 바이 번(Halen bei Bern)이 있다. ›그림 48 참고 최근의 예로써는 일본의 건축가 카즈나리 사카모토(Kazunari Sakamoto)가 2006년 뮌헨에 위치한 베르크분트(Werkbund) 주거지를 설계한 것을 들 수가 있다. 이 디자인은 서로 다른 높이를 한 솔리테어의 조밀한 조합과 공공, 반공공 그리고 사적 공지의 다양한 네트워크로 구성되었다. › 그림 49 참고

8. 셰드(The Shed))

셰드는 솔리테어와 비슷한 도시 건물 블록이며, 그것은 다양한 크기와 차원으로 나타난다. 셰드는 현대 도시의 특징적인 현상이며 그것의 의식적인 실패가 공간적이고 문맥상의 어떠한 기준을 세웠다는 것은 주목할 만하다. 건축 개념으로써 셰드란 용어는 로버트 벤츄리(Robert Venturi), 드니스 스콧 브라운(Denise Scott Brown)과 스티븐 이즈노어(Steven Izenour)가 1972년 그들이 발표한『라스베이거스의 교훈(Learning from Las Vegas)』연구 당시 만들어 낸 것이다.

여기에 언급된 모든 도시 건물 블록 중 셰드는 그것의 외부적 디자인을 자제하여 설계하는 것으로 특징지을 수 있다. 이러한 관점에서, 셰드는 의식적으로 도시의 공공장소/공간을 무시하고 있기 때문에, 매우 반도시적 특징을 나타내고 있다. 오랫동안, 셰드는 도시 건물블록으로써 전혀 인식되지 않았고 산업적이고 상업적인 건축의 특성이 간과된 채 남아있었다.

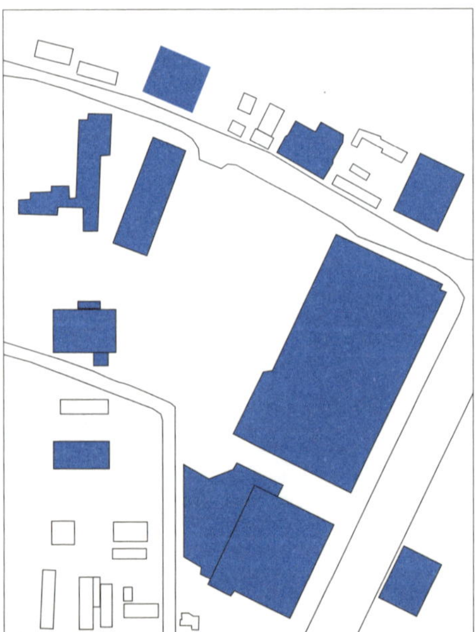

그림 50:
셰드 군집의 다이어그램

그림 51:
현대적 도시 경관의 셰드

그러나 셰드는 이제 두 가지 이유로 관심의 대상이 되고 있다. 첫 번째로, 다목적으로 쓰일 수 있는 셰드의 개방성과 적응성으로 인해 셰드는 경제적, 구조적으로 흥미로운 대상이 되었다. 두 번째로, 셰드의 (non)디자인은 광범위한 도시 지역과 도시의 주변에 영향을 주고 있으며 따라서 많은 사람들의 일상생활 공간에도 영향을 미치게 되었다.

8.1 형태와 공간구조

이론적으로, 셰드는 구조적, 기술적 그리고 경제적으로 실현될 수 있는 어떠한 형태도 가능하다. 셰드의 물리적 형태와 차원은 유연하며, 셰드 구조는 작은 공장에서부터 넓은 쇼핑몰까지 다양하다. 〉그림 50 참고 그러나 가장 뚜렷한 특징은 외부 디자인이 많지 않다는 것이다. 그 결과로 셰드의 주변과 통합되지 않는다. 셰드의 공간적 조합은 그 외부와는 대조적으로 매력적이고 소비자 친화적인 환경에 큰 중요성을 둘 수 있는 기술적 요구사항과 내부 조직 및 디자인으로 전적으로 도출된다. 〉그림 51 참고

8.2 도시공간의 형성

셰드는 어디든지 위치할 수 있다. 그러나 그것은 공공장소와 도로의 건축적이고 도시적 디자인을 기본적으로 인정하지 않기 때문에, 도시 공간을 교란시킨다. 그러므로 일반적으로 셰드는 도시 외곽 주변 그리고 그 외곽에서 멀리 벗어나서 볼 수 있다. 그럼에도 불구하고, 셰드는 도시 거주자의 일상생활에 현저한 영향력을 미친다.

그림 52:
셰드의 내부 기능에 주목을 끌게 하기 위해 사용된 게시판과 광고판

외부 디자인의 결여는 셰드 내부의 생활에 이목을 집중시키고 고객을 유혹하기 위한 수단으로써 사용되는 게시판과 큰 광고판으로 부분적으로 보완될 수 있다. 〉그림 52 참고 몇몇 경우에, 특정 회사의 정체성은 인식할 수 있는 패턴과 단편적 건축요소들로 건물 전면부를 장식하는 것으로 만들어 질 수 있다.

8.3 기능, 방향 및 접근성

기능적 개방성
Functional openness

셰드는 실질적으로 어떠한 기능이든지 맡을 수 있다. 셰드의 형태와 공간적 구조는 이러한 기능적 개방성과 영구적 가변성으로부터 기인한다. 셰드는 대개 주차 공간의 편의성을 도모하기 위해 충분한 오픈스페이스로 둘러싸여있다. 더 많은 방문객 수와 제한된 공간의 드문 경우에, 예를 들어 내부 도심에서는 추가적인 셰드가 다층 주차장으로써 건설되거나 지하창고가 만들어진다. 〉그림 53 참고

도시로 각색하기
Staging the city

셰드의 인테리어에서, 셰드의 모습은 종종 극적으로 다른 모양을 띈다. 쇼핑센터와 같은 경우에, 셰드의 인테리어는 도심 내부 지역의 분위기를 만들어 내기 위해 자주 디자인된다. 중요한 예는 마인 타누스 젠트룸(Main-Taunus-Zentrum)인데 이것은 유럽의 최초 쇼핑몰로써 1960년대에 프랑크푸르트에 건축된 것으로 비슷

그림 53:
주차시설을 위한 컨테이너로서의 셰드

그림 54:
매력적인 상점의 진열장 디스플레이를 따라 쇼핑 불바드(boulevard)로서 조직된 셰드의 인테리어

불바드(boulevard): 주택가에서 차를 몰고 나와 고속도로로 들어가는 길이나 도심지로 들어가기 전까지 차가 다닐 수 있도록 포장된 도로를 말하며 양 옆에 가로수들이 심어져 있고 한산한 대로

한 다른 복합건물을 대표하는 것으로 볼 수 있다. 방문객/손님들이 쇼핑몰을 거닐며 아이쇼핑을 하도록 유도하기위해, 상점들의 쇼윈도와 매력적인 디스플레이가 양측에 늘어선 내부 아케이드 주변으로 구성된다. › 그림 54 참고 "도시의 느낌"을 극대화시키기 위해, 도시의 광장과 닮은 넓은 공간이 앤틱 분위기의 분수와 조각상들을 따라 쇼핑몰 안에 들어서게 되었다. 쇼핑객들은 식당이나 아이스크림 가게에서 휴식도 즐길 수 있다. 그래서 외부 디자인의 결여와 주변 도시로부터 쇼핑몰의 분리는 내부구조에 전혀 반영되지 않는다.

8.4 역사적 사례

여기서 언급된 의미의 셰드는 세계 2차 대전 이후 기간 동안 많은 수가 나타났다. 이때까지는, 건축 디자인, 산업 시설/설비의 구조적 통합, 교통기반시설 건물과 백화점에 상당한 주안점을 두었다. 주목할 만한 예는 세계 1차 대전 이전, 피터 베렌스(Peter Behrens)가 베를린에서 AEG를 위해 설계한 건물, 파리에 위치한 오귀스트 페레(Auguste Perret)의 가라게 루 퐁티유(Garage Rue Ponthieu, 1995)와 베를린 라이프치거 슈트라세(Leipziger Strasse)에 위치한 벰하트 세링(Bemhard Sehring)이 설계한 티츠(Tietz) 백화점 등이 있다.

외부 디자인의 포기
Abnegation of external design

경제적 장점 – 어느 정도까지 기능성을 갖춘 건물로 탈바꿈 하려는 진부함 –은 결과적으로 유용한 건물들이 고객동선에 노출된 경우에서만 외부 표면의 디자인에 신경을 쓰는 경향을 만들었다. 출입구와 내부 공공공간은 대표기능을 갖도록 디자인된 반면 어떠한 대표적 역할을 하지 않는 외부 건물 벽면은 무시되었다. 오늘날 공장과 다층 주차장, 소매상가와 쇼핑몰의 디자인은 종종 이 논리를 따르고 있다.

라스베이거스
Las vegas

이와 같은 셰드의 가장 좋은 예는 오락시설과 카지노, 위락을 중심으로 한 아케이드와 호텔이 셰드의 주요 원리를 바탕으로 디자인 된 라스베이거스의 번화가에서 찾아 볼 수 있다. 조명이 들어오는 간판과 광고판이 건물로 사람들의 이목을 끌고 오직 건물 내부 요구사항에 근거한 건축과 외관 디자인이 대신하게 된다. 로버트 벤츄리(Robert Venturi), 드니스 스콧 브라운(Denise Scott – Brown)과 스티븐 이즈노어(Steven Izenour)가 함께한 라스베이거스 연구에서, 그들은 꾸며진 셰드로써의 구조에 대해 언급했다.

이러한 개발은 세계전역에서 볼 수 있다. 심지어 도시 경계의 광대한 지역, 특히 그 주변의 경계지역에서 셰드의 영향 때문에 도시의 형상이 급속히 변화한다. 많은 일상 활동, 특히 쇼핑과 소비활동에 관계된 활동들은 이제 사람들을 이 지역으로 불러들이며, 삶의 많은 영역이 도시와 도시의 공공공간에 반하는 이러한 변화에 영향을 받고 있다.

가상 세계
Virtual worlds

이러한 변화는 텔레메틱(차량무선인터넷서비스)개발과 가상공간의 중요성이 증대되면서 더욱 강화되고 있다. 건축가 베르나르 츄미(Bernard Tschumi)는 인터넷 뱅킹의 출현이후 자신이 더 이상 은행에 가지 않는다는 것을 예로 언급하며, 인터넷이 결정적으로 디자인과 우리가 살고 있는 도시의 모습을 변화시킬 것이라고 주장했다. 쇼핑과 행정관리들과의 교류는 유사하게 영향을 받고 있다. 일단 외관을 통해 그 건물이 어떻게 사용되는지 알려주는 역사적이고 대표적 상징성을 띈 건축은 쇠퇴해졌다. 은행은 더 이상 은행처럼 보일 필요가 없다. 만약 아무도 더 이상 은행을 가지 않는 다면, 아마도 은행을 셰드 안에 두기에 충분한 일이 될 것이다.

9. 결론 : 도시의 블록 단위에서 도시 구조까지

"도시를 만드는 것은 3차원 재료들로 그룹과 공간을 디자인하는 것을 포함한다."

알베르트 브링크만(Albert Brinckmann, 1908)

개개의 도시블록들의 구조와 특성이 파악되면, 이러한 지식은 더 큰 도시공간의 맥락에 적용될 수 있다. 우리가 매일 움직이고 살아가고 일하는 공간은 실제로 형성하는 블록들 사이에서 연결되고 상호작용하는 도시 전체 또는 도시의 근린 레벨에서만 적용된다. 이 책에서는 이러한 도시의 요소들을 개별적으로 언급했지만, 도시 생활의 실재에 대해 가지고 있는 영향을 이해하기 위해서는 블록들 사이의 다양한 연관을 연구하는 것이 중요하다. 이것이 도시를 공간적, 기능적, 사회적으로 상호 의존하는 복잡한 체계로서 이해할 수 있는 유일한 방법이다.

블록은 이러한 시스템에서 중심적인 역할을 한다. 공공 또는 개인 삶이 일어나는 가로나 접근로, 광장, 공원들과 같은 도시의 매개공간에 간접적으로 영향을 주는 반면, 건조물로서 개개의 건물들이 사용된다. 거주자와 방문자에 의한 결과로서 공간적 통합과 기능적 전용은 또한 도시 요소들 자체의 구성에 영향을 미친다.

그럼에도 불구하고, 각각의 도시구성 요소에 대한 전반적 지식이 필수적인 것이기는 하나, 도시는 전체로써 연구되고 디자인 되어야 한다. 특히 최근 도시에서 발생하는 기술적, 인구통계학적, 사회문화적, 경제적 변화에 의해 나타나는 다양한 도전을 해결하기 위해서는 이것을 명심하는 것이 중요하다. 도시의 부분들은 너무 빠르게 계획되고 개발되어 기능적으로나 사회적으로 파편화된다. 이렇게 만들어진 "파편들"은 특정한 용도와 생활방식에 적합할 수 있지만, 도시의 다른 영역들은 그대로 남겨질 수 있다. 도시요소들의 상호작용과 전체적인 도시의 통합이 기능하지 않을 때, 공간적, 기능적 결핍은 종종 경제적으로나 사회적인 영역에 영향을 미치기 위해 급속한 출발을 만들어 낸다. 따라서 도시에서 서로 다른 부분들의 전체적인 도시 구조로의 통합은 도시 개발에 있어 핵심적으로 고려되어야 한다.

21세기의 시작과 함께, 광범위하게 도시화되고 있는 집합체의 전체적 규모, 국제적인 메트로폴리스와 메갈로폴리스, 그리고 그들의 사회적 다양성은 오랫동안 지속된 개념과 모델의 유효성에 자연스럽게 도전이 되고 있다. 그럼에도 불구하고 도시 개발에 관련되어 있는 많은 과업들은 여전히 변하지 않아 왔다. 도시 개발은 물리적 정체성, 구분되는 기능적, 사회적인 삶의 공간을 만들어 내야 한다. 이는 매개공간과 누구나 언제든지 사용 할 수 있는 공공공간의 디자인을 반드시 포함하여야 한다. 또한 이는 공공과 민간의 이해 사이의 균형을 반드시 고려하여야 한다.

이러한 맥락에서, 물리적인 삶과 문화적 공간, 그리고 그것을 개발하고자 하는 노력을 위해 핵심적으로 중요하다는 관점에서 도시의 블록을 공부하는 것은 물리적 도시 구조를 이해하기 위한 첫걸음이다. 이는 도시 디자인의 체계와 궁극적인 방법이 개발되어야 할 필요가 있다는 점에 기초한다. 이러한 과정에 참여하는 것은 도시공간을 개념적으로 계획하는 과제에서 학생들에게 도움이 되는 실질적인 팁과 통찰력을 줄 수 있다. 향후 연구와 물론 전문적 경험은 학생들을 도시의 기본적인 블록들을 넘어 도시공간의 더 복잡한 구성까지 가능하게 할 것이다. 여기서 소개된 개념은 블록들의 가치를 증명하기 위해 필요할 삶과 지속적으로 변화하는 맥락에 있다.

부록

참고문헌

Leonardo Benevolo: *The History of the City*, MIT Press, Cambridge (Mass.) 1980

Walter Benjamin: *The Arcades Project*, Belknap Press, Cambridge (Mass.) 1999

Chuihua Judy Chung, Jeffrey Inaba, Rem Koolhaas, Sze Tsung Leong: *Project on the City 2: Harvard Design School Guide to Shopping*, Harvard Graduate School of Design 2002

Friedrich Engels: *The Condition of the Working Class in England in 1844*, J. W. Lovell Company, New York 1887

Robert Fishman: *Bourgeois Utopias. The Rise and Fall of Suburbia*, Basic Books, New York 1987

Ebenezer Howard: *Tomorrow: A Peaceful Path to Real Reform*, London 1898

Le Corbusier: *The Athens Charter*, Grossman Publishers, New York 1973

Le Corbusier: *The Radiant City*, Orion Press, New York 1967

Le Corbusier: *Towards a new Architecture*, Dover Publications, New York 1986

Kevin Lynch: *The Image of the City*, Cambridge Technology Press, Cambridge (Mass.) 1960

Franz Oswald, Peter Baccini: *Netzstadt. Designing the Urban* Birkhäuser, Basel 2003

Andrea Palladio: *Four Books on Architecture*, MIT Press, Cambridge (Mass.) 1997

Philippe Panerai, Jean Castex, Jean-Charles Depaule: *Urban Forms*, Architectural Press, Boston 2004

Aldo Rossi: *The Architecture of the City*, MIT Press, Cambridge (Mass.) 1982

Camillo Sitte: *The Art of Building Cities. City Building according to its Artistic Fundamentals*, Reinhold Publishing Corporation, New York 1945

Raymond Unwin: *Town Planning in Practice: An Introduction to the Art of Designing Cities and Suburbs*, T. F. Unwin, London 1909

Robert Venturi, Denise Scott Brown, Steven Izenour: *Learning from Las Vegas*, MIT Press, Cambridge (Mass.) 1972

역자 소개

김도년_성균관대 · 프래트대(미) · 서울대
성균관대학교 건축학과/ucity 대학원 도시설계 교수. 도시설계가.

김지엽_성균관대 · 서울대, 컬럼비아대(미) · 페이스대(미)
아주대학교 건축학부와 대학원 도시개발학과 교수. 미국변호사.

손세형_성균관대 · AA스쿨(영), 킹스턴대(영)
성균관대학교 건축학과 교수. 영국왕립건축사.

이중원_성균관대 · MIT(미)
성균관대학교 건축학과 교수. iSM 건축연구소의 파트너(미국건축사, AIA).

정동섭_성균관대 · 서울대 · 서울대
호서대학교 건축학과 교수. 도시설계가.

Basics
URBAN BUILDING BLOCKS
도시 빌딩 블록 디자인의 기초

Thorsten Bürklin Michael peterek 저
김도년 · 김지엽 · 손세형 · 이중원 · 정동섭 옮김

1판 발행 2012년 1월 31일 발행

발행인 겸 편집장 김기현
발행처 시공문화사 *Spacetime*
등 록 1993년 3월 12일
주 소 서울시 서대문구 현저동 200 극동빌딩 5층
전 화 02) 3147-1212, 2323
전 송 02) 3147-2626
ISBN 978-89-5592-213-4
http://www.spacetime.co.kr
spacetime@korea.com

정가 9,500원